영역별 반복집중학습 프로그램

기탄영역별수학
도형·측정편

수학과 교육과정에서 초등학교 수학 내용은 '수와 연산', '도형', '측정', '규칙성', '자료와 가능성'의 5개 영역으로 구성되는데, 우리가 이 교재에서 다룰 영역은 '도형·측정'입니다.

'도형' 영역에서는 평면도형과 입체도형의 개념, 구성요소, 성질과 공간감각을 다룹니다. 평면도형이나 입체도형의 개념과 성질에 대한 이해는 실생활 문제를 해결하는 데 기초가 되며, 수학의 다른 영역의 개념과 밀접하게 관련되어 있습니다. 또한 도형을 다루는 경험으로부터 비롯되는 공간감각은 수학적 소양을 기르는 데 도움이 됩니다.

'측정' 영역에서는 시간, 길이, 들이, 무게, 각도, 넓이, 부피 등 다양한 속성의 측정과 어림을 다룹니다. 우리 생활 주변의 측정 과정에서 경험하는 양의 비교, 측정, 어림은 수학 학습을 통해 길러야 할 중요한 기능이고, 이는 실생활이나 타 교과의 학습에서 유용하게 활용되며, 또한 측정을 통해 길러지는 양감은 수학적 소양을 기르는 데 도움이 됩니다.

1. 부족한 부분에 대한 집중 연습이 가능

도형·측정 영역은 직관적으로 쉽다고 느끼는 아이들도 있지만, 많은 아이들이 수·연산 영역에 비해 많이 어려워합니다.
길이, 무게, 넓이 등의 여러 속성을 비교하거나 어림해야 할 때는 섬세한 양감능력이 필요하고, 입체도형의 겉넓이나 부피를 구해야 할 때는 도형의 속성, 전개도의 이해는 물론 계산능력까지도 필요합니다. 도형을 돌리거나 뒤집는 대칭이동을 알아볼 때는 실제 해본 경험을 토대로 하여 형성된 추론능력이 필요하기도 합니다.
다른 여러 영역에 비해 도형·측정 영역은 이렇게 종합적이고 논리적인 사고와 직관력을 동시에 필요로 하기 때문에 문제 상황에 익숙해지기까지는 당황스러울 수밖에 없습니다.
하지만 절대 걱정할 필요가 없습니다.
기초부터 차근차근 쌓아 올라가야만 다른 단계로의 확장이 가능한 수·연산 등 다른 영역과 달리, 도형·측정 영역은 각각의 내용들이 독립성 있는 경우가 대부분이어서 부족한 부분만 집중 연습해도 충분히 그 부분의 완성도 있는 학습이 가능하기 때문입니다.
이번에 기탄에서 출시한 기탄영역별수학 도형·측정편으로 부족한 부분을 선택하여 집중적으로 연습해 보세요. 원하는 만큼 실력과 자신감이 쑥쑥 향상됩니다.

2. 학습 부담 없는 알맞은 분량

내게 부족한 부분을 선택해서 집중 연습하려고 할 때, 그 부분의 학습 분량이 너무 많으면 부담 때문에 시작하기조차 힘들 수 있습니다.
무조건 문제 수가 많은 것보다 학습의 흥미도를 떨어뜨리지 않는 범위 내에서 필요한 만큼 충분한 양일 때 학습효과가 가장 좋습니다.
기탄영역별수학 도형·측정편은 다루어야 할 내용을 세분화하여, 한 가지 내용에 대한 학습량도 권당 80쪽, 쪽당 문제 수도 3~8문제 정도로 여유 있게 배치하여 학습 부담을 줄이고 학습효과는 높였습니다.
학습자의 상태를 가장 많이 고민한 책, 기탄영역별수학 도형·측정편으로 미루어 두었던 수학에의 도전을 시작해 보세요.

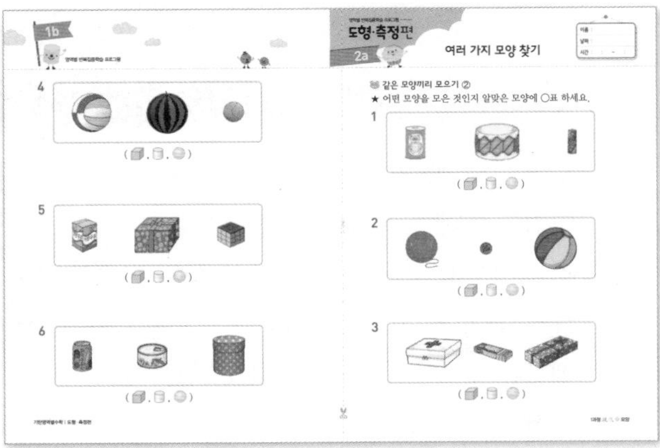

★ 본 학습

제목을 통해 이번 차시에서 학습해야 할 내용이 무엇인지 짚어 보고, 그것을 익히기 위한 최적화된 연습문제를 반복해서 집중적으로 풀어 볼 수 있습니다.

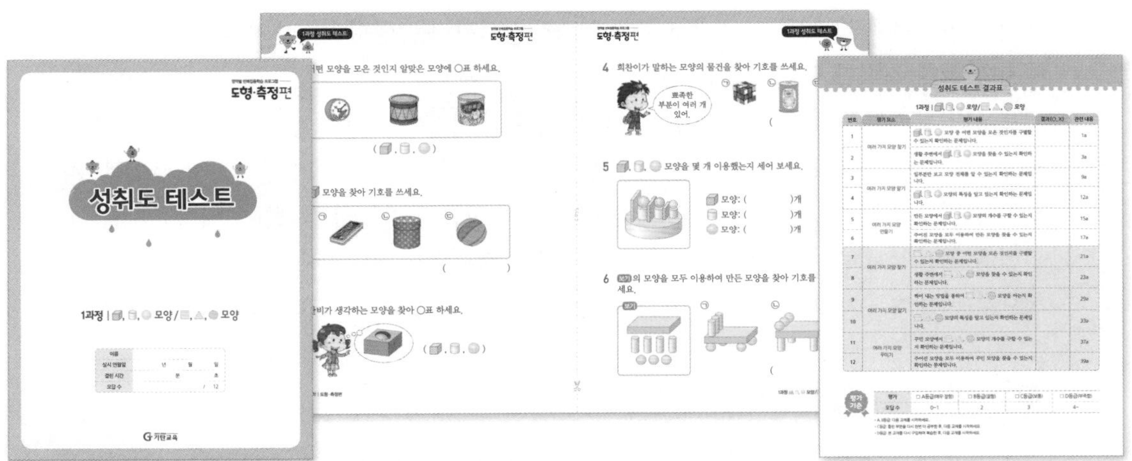

★ 성취도 테스트

성취도 테스트는 본문에서 집중 연습한 내용을 최종적으로 한번 더 확인해 보는 문제들로 구성되어 있습니다. 성취도 테스트를 풀어 본 후, 결과표에 내가 맞은 문제인지 틀린 문제인지 체크를 해가며 각각의 문항을 통해 성취해야 할 학습목표와 학습내용을 짚어 보고, 성취된 부분과 부족한 부분이 무엇인지 확인합니다.

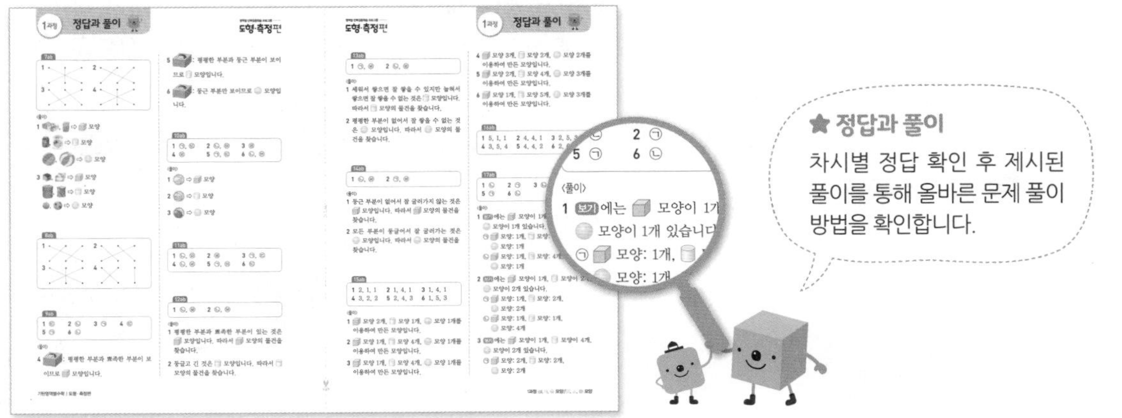

★ 정답과 풀이

차시별 정답 확인 후 제시된 풀이를 통해 올바른 문제 풀이 방법을 확인합니다.

기탄영역별수학

도형·측정편

· 삼각형
· 수직과 평행

기초부터 탄탄하게
기탄교육

삼각형

삼각형 분류하기(1) 1a
이등변삼각형의 성질 7a
정삼각형의 성질 11a
삼각형 분류하기(2) 13a

수직과 평행

수직 알아보기 21a
수선 긋기 27a
평행 알아보기 29a
평행선 긋기 33a
평행선 사이의 거리 알아보기 35a

삼각형 분류하기(1)

이름 :

날짜 :

시간 : : ~ :

변의 길이에 따라 삼각형 분류하기 ①

1 자를 사용하여 삼각형의 세 변의 길이를 각각 재어 보고, 삼각형을 변의 길이에 따라 분류하여 기호를 써 보세요.

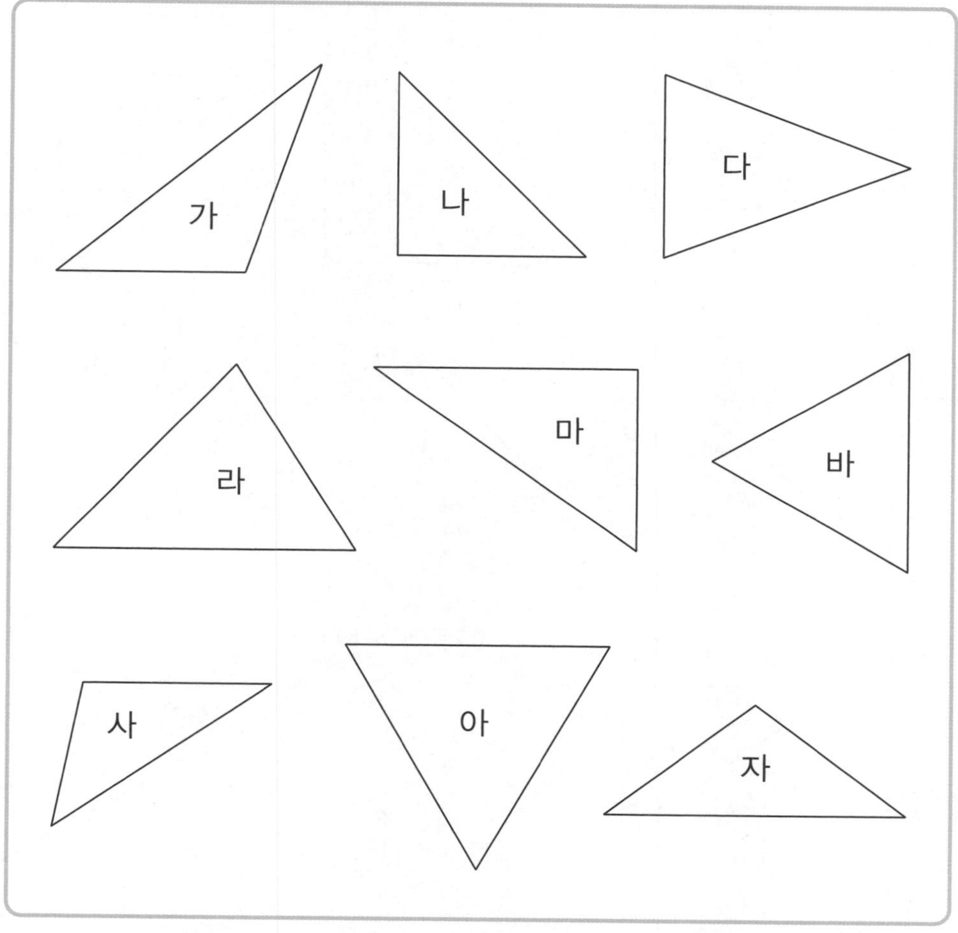

변의 길이가 같은 것이 있는 삼각형	변의 길이가 모두 다른 삼각형

2 자를 사용하여 삼각형의 세 변의 길이를 각각 재어 보고, 삼각형을 변의 길이에 따라 분류하여 기호를 써 보세요.

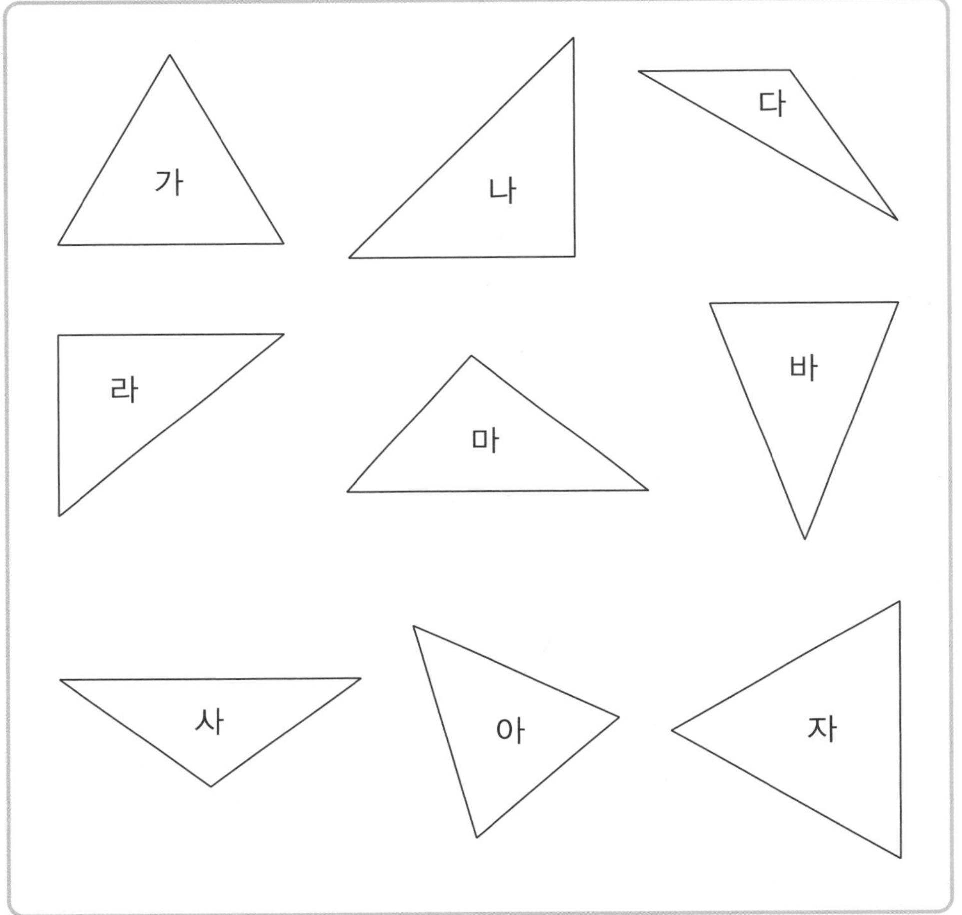

두 변의 길이만 같은 삼각형	세 변의 길이가 같은 삼각형

삼각형 분류하기(1)

이름 :
날짜 :
시간 : : ~ :

변의 길이에 따라 삼각형 분류하기 ②

1 자를 사용하여 삼각형의 세 변의 길이를 각각 재어 보고, 이등변삼각형을 모두 찾아 기호를 쓰세요.

두 변의 길이가 같은 삼각형을 이등변삼각형이라고 합니다.

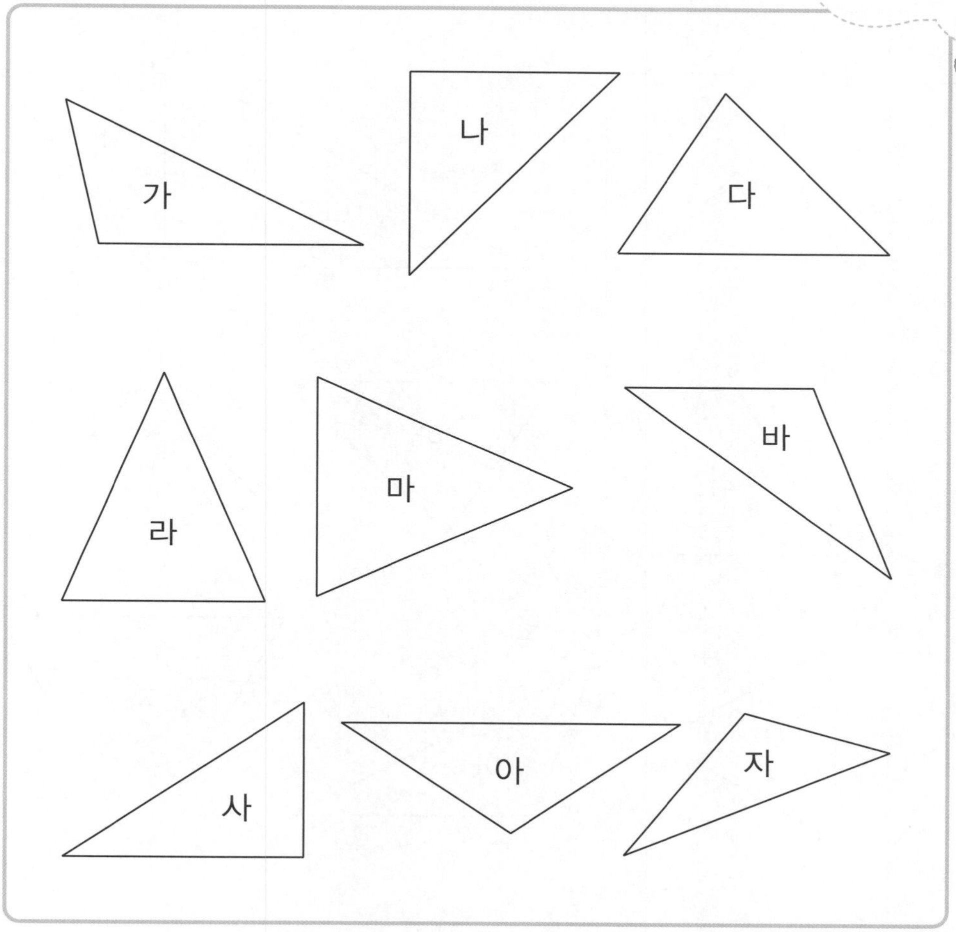

가 나 다
라 마 바
사 아 자

( )

2 자를 사용하여 삼각형의 세 변의 길이를 각각 재어 보고, 정삼각형을 모두 찾아 기호를 쓰세요.

세 변의 길이가 같은 삼각형을 정삼각형이라고 합니다.

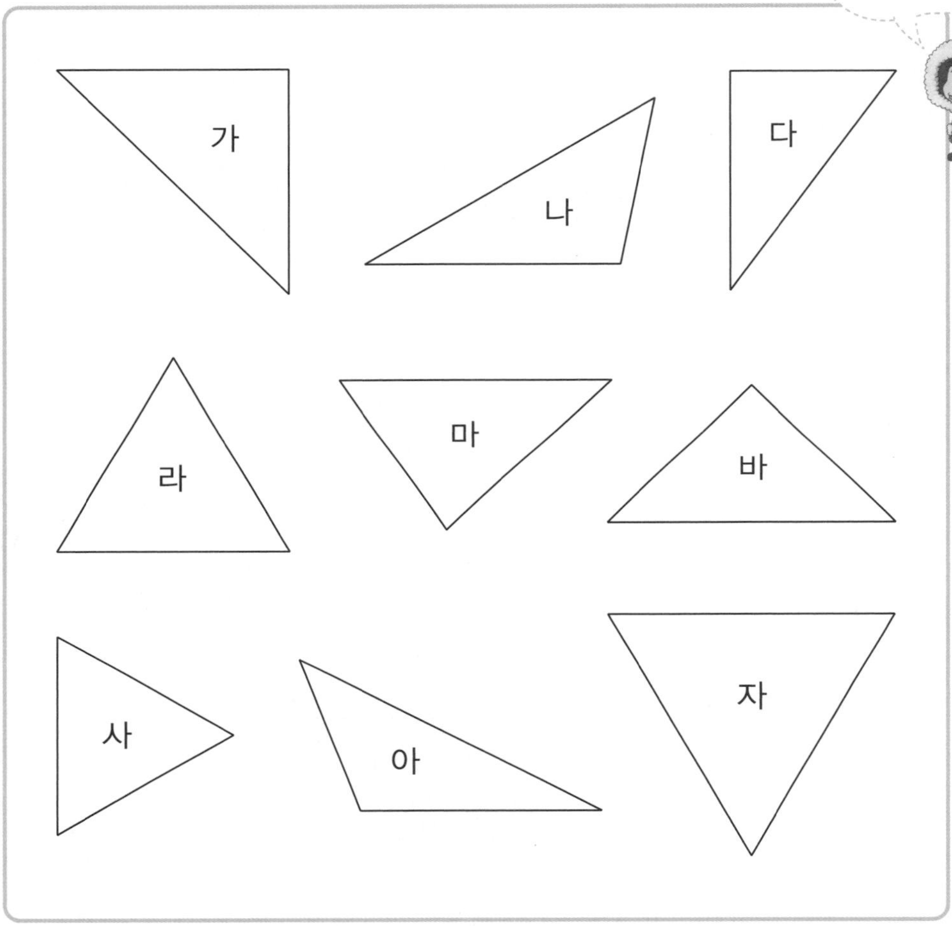

가 나 다

라 마 바

사 아 자

( )

두 변의 길이가 같으면 이등변삼각형이라고 하는데 정삼각형은 세 변의 길이가 같으므로 이등변삼각형의 조건을 만족합니다.

삼각형 분류하기(1)

이름 :
날짜 :
시간 : : ~ :

변의 길이에 따라 삼각형 분류하기 ③

1 자를 사용하여 이등변삼각형을 모두 찾고, 이유를 써 보세요.

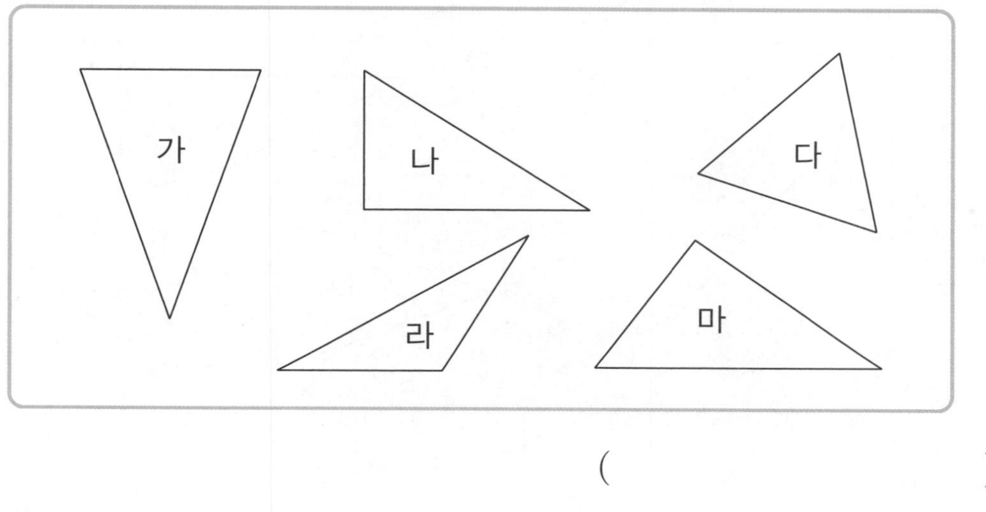

( )

2 자를 사용하여 정삼각형을 모두 찾고, 이유를 써 보세요.

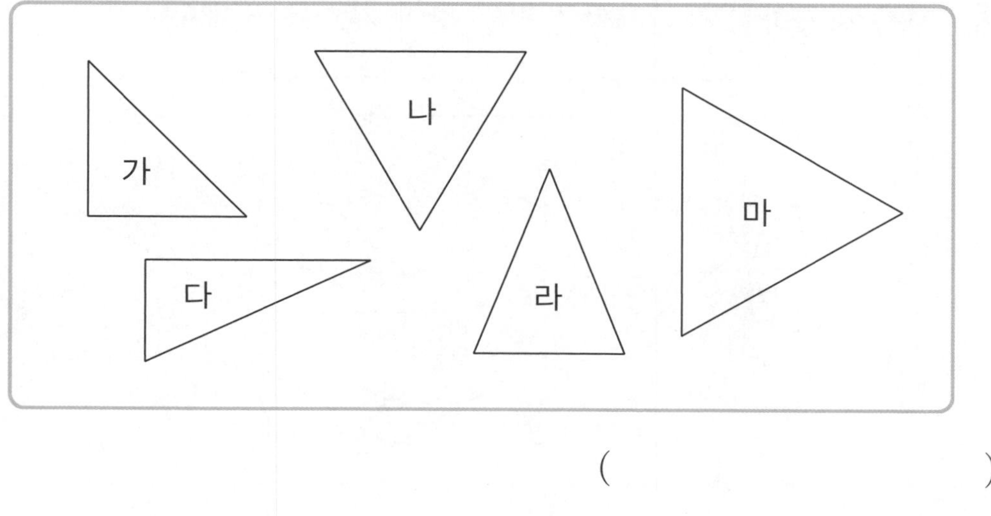

( )

3 자를 사용하여 이등변삼각형을 모두 찾아 기호를 쓰세요.

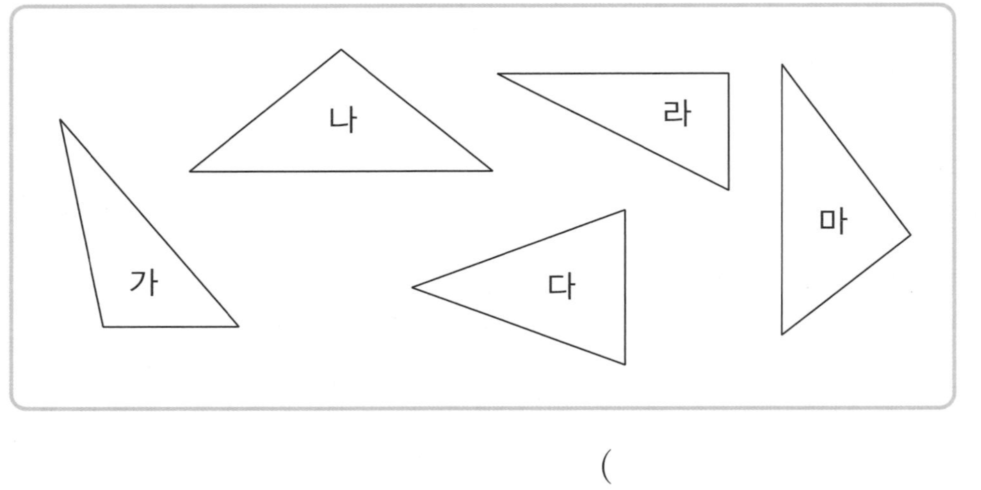

( )

4 자를 사용하여 정삼각형을 모두 찾아 기호를 쓰세요.

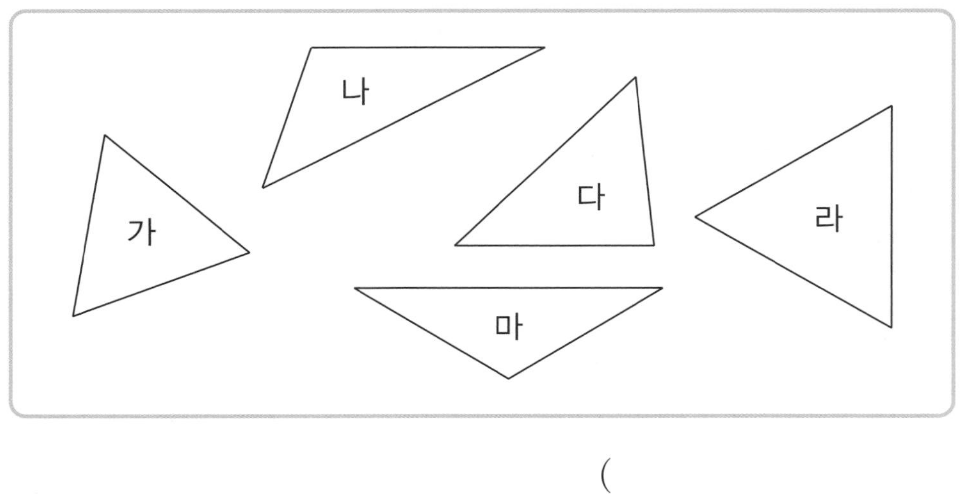

( )

삼각형 분류하기(1)

이름 :
날짜 :
시간 : : ~ :

이등변삼각형과 정삼각형의 변의 길이 구하기

★ 이등변삼각형입니다. ▢ 안에 알맞은 수를 써넣으세요.

1

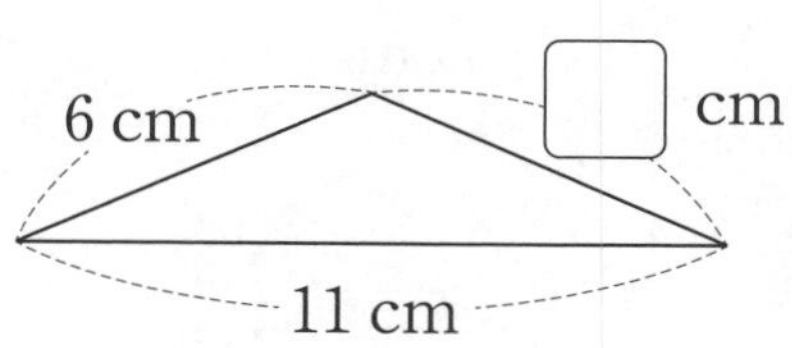

2

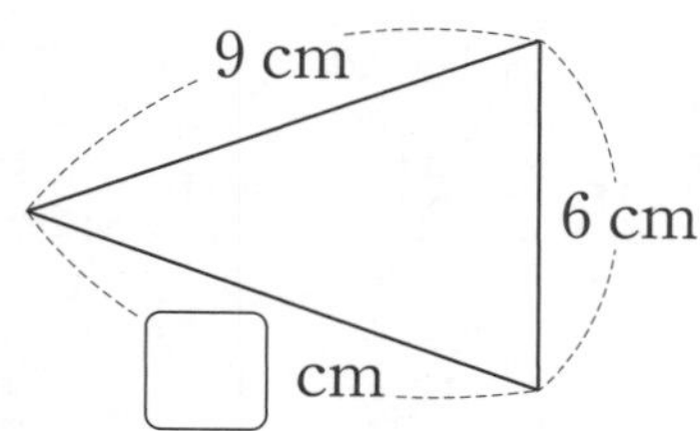

3

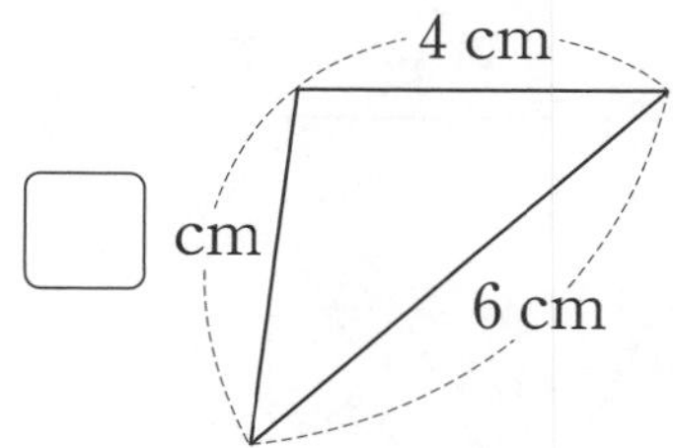

4

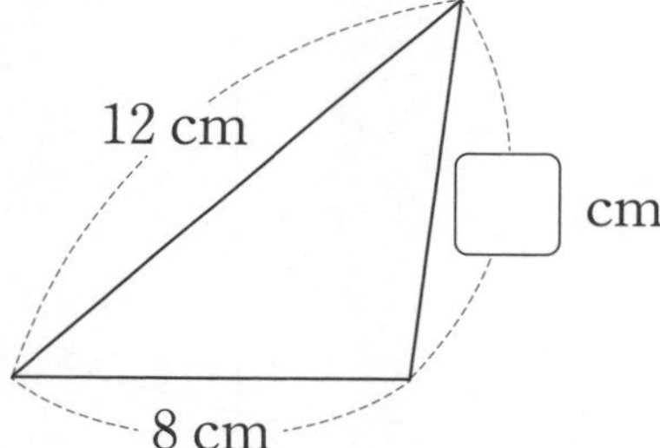

5

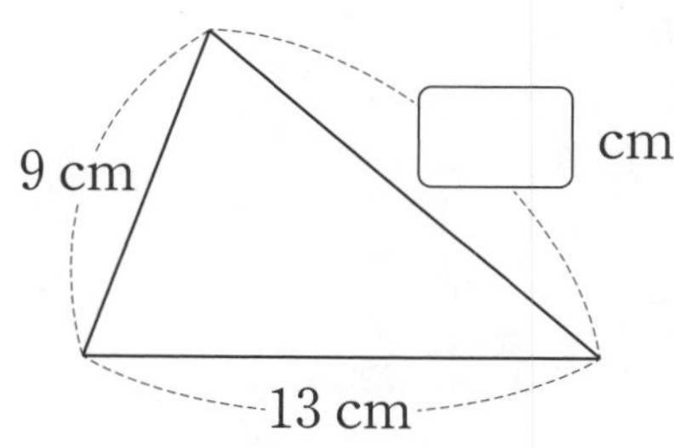

6

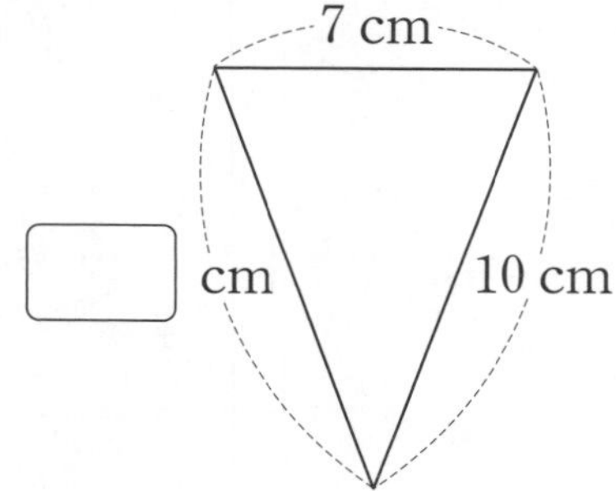

★ 정삼각형입니다. ▢ 안에 알맞은 수를 써넣으세요.

7

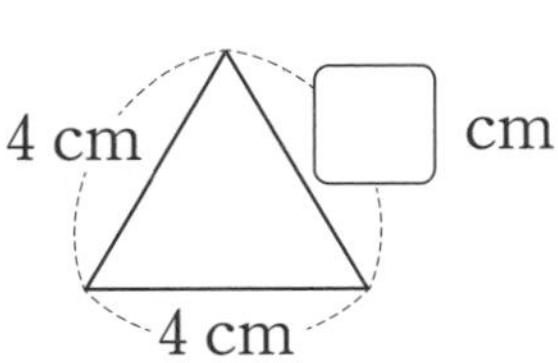

8

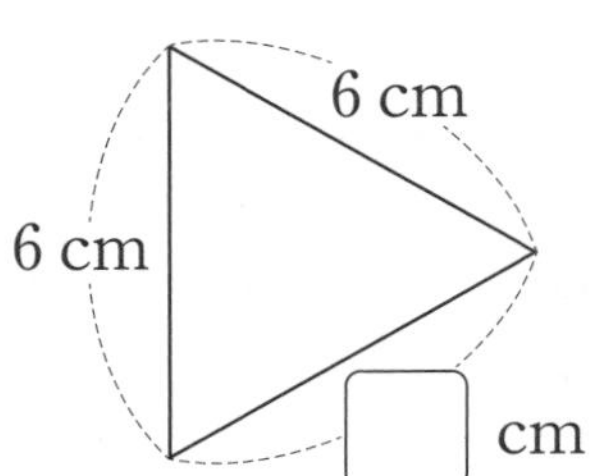

9

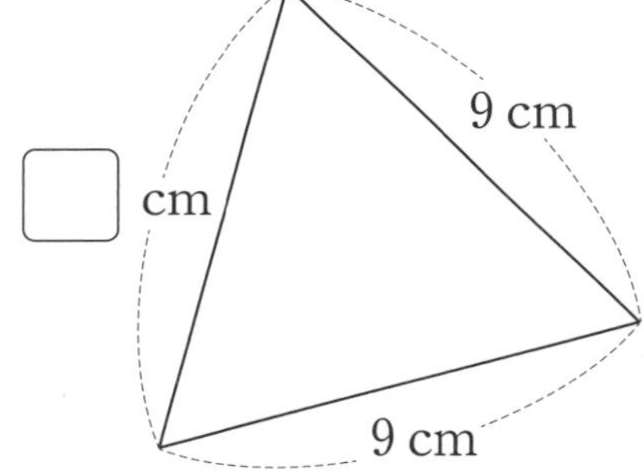

10

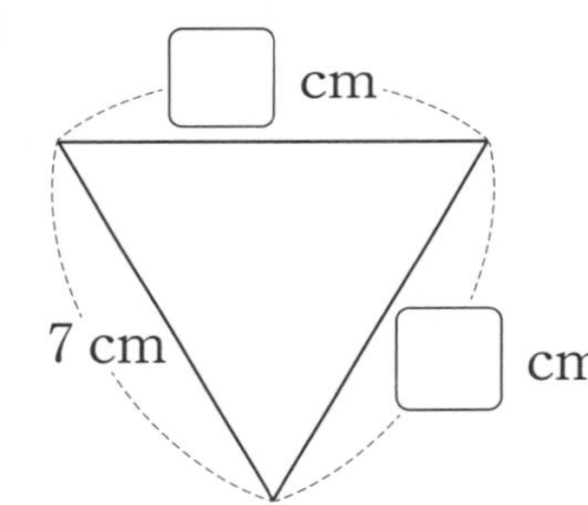

11

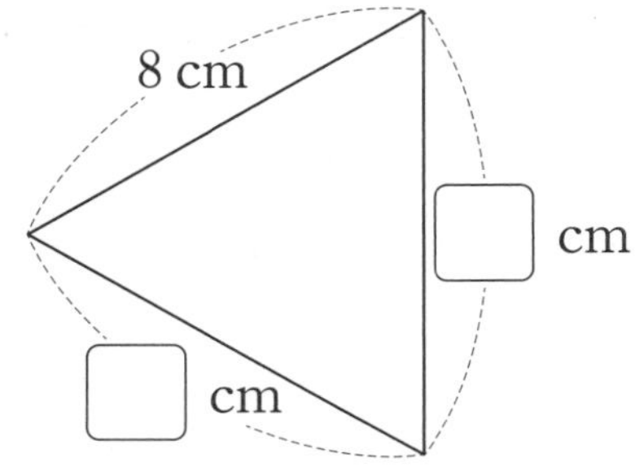

12

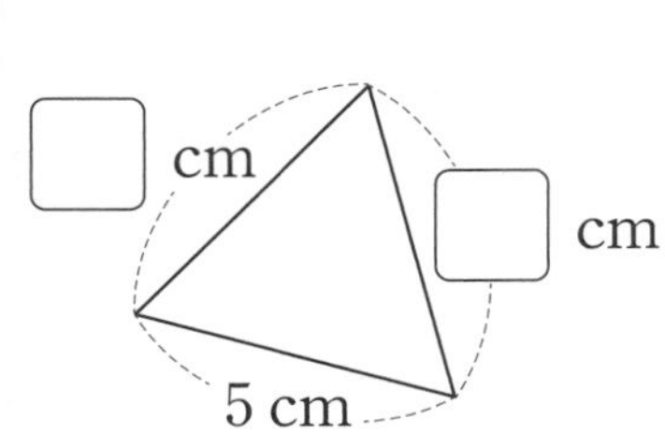

삼각형 분류하기(1)

이름 :
날짜 :
시간 : : ~ :

변의 길이를 보고 알맞은 삼각형 찾기

★ 삼각형의 세 변의 길이가 다음과 같을 때, 이등변삼각형을 찾아 기호를 쓰세요.

1

㉠ 5 cm, 8 cm, 7 cm　　㉡ 6 cm, 8 cm, 10 cm
㉢ 3 cm, 4 cm, 5 cm　　㉣ 9 cm, 8 cm, 9 cm
㉤ 5 cm, 6 cm, 4 cm

(　　　　　　)

2

㉠ 3 cm, 9 cm, 10 cm　　㉡ 4 cm, 6 cm, 4 cm
㉢ 7 cm, 8 cm, 13 cm　　㉣ 6 cm, 8 cm, 11 cm
㉤ 9 cm, 7 cm, 15 cm

(　　　　　　)

3

㉠ 7 cm, 6 cm, 9 cm　　㉡ 6 cm, 5 cm, 10 cm
㉢ 8 cm, 4 cm, 11 cm　　㉣ 5 cm, 8 cm, 7 cm
㉤ 12 cm, 6 cm, 12 cm

(　　　　　　)

★ 삼각형의 세 변의 길이가 다음과 같을 때, 정삼각형을 찾아 기호를 쓰세요.

4

㉠ 4 cm, 6 cm, 8 cm　　㉡ 7 cm, 10 cm, 7 cm
㉢ 5 cm, 5 cm, 5 cm　　㉣ 6 cm, 9 cm, 12 cm
㉤ 8 cm, 3 cm, 9 cm

(　　　　　　)

5

㉠ 3 cm, 9 cm, 8 cm　　㉡ 7 cm, 6 cm, 11 cm
㉢ 8 cm, 12 cm, 5 cm　　㉣ 7 cm, 7 cm, 7 cm
㉤ 9 cm, 4 cm, 10 cm

(　　　　　　)

6

㉠ 9 cm, 9 cm, 9 cm　　㉡ 9 cm, 3 cm, 9 cm
㉢ 7 cm, 6 cm, 7 cm　　㉣ 8 cm, 5 cm, 12 cm
㉤ 4 cm, 8 cm, 10 cm

(　　　　　　)

삼각형 분류하기(1)

이름 :
날짜 :
시간 : : ~ :

삼각형의 세 변의 길이의 합 구하기

★ 이등변삼각형입니다. 삼각형의 세 변의 길이의 합을 구하세요.

1

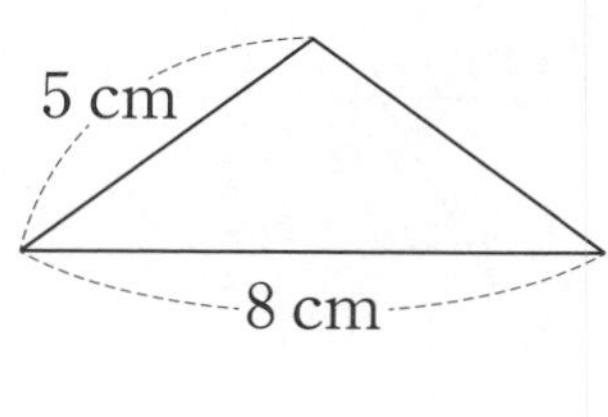

( ) cm

2

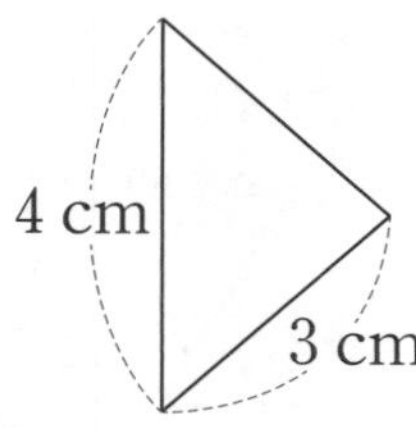

( ) cm

3

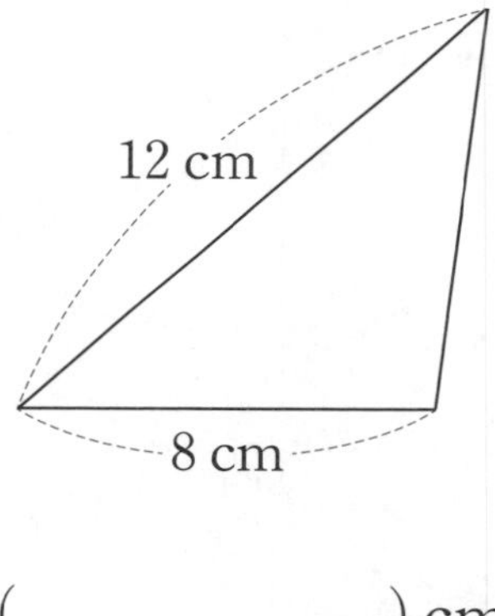

( ) cm

4

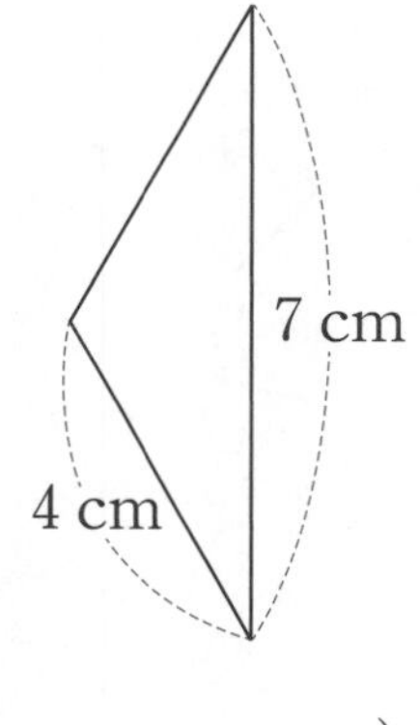

( ) cm

5

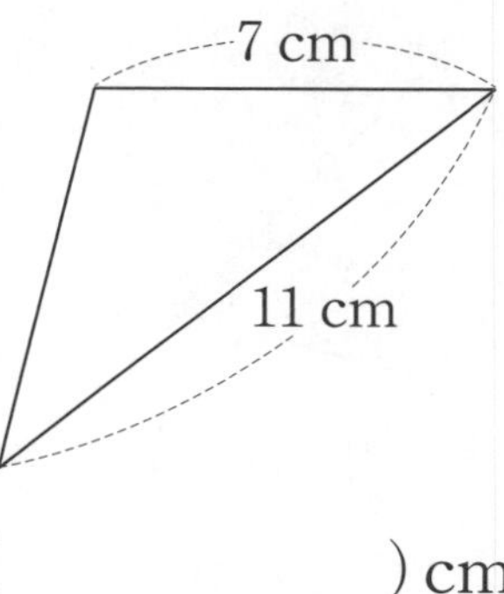

( ) cm

6

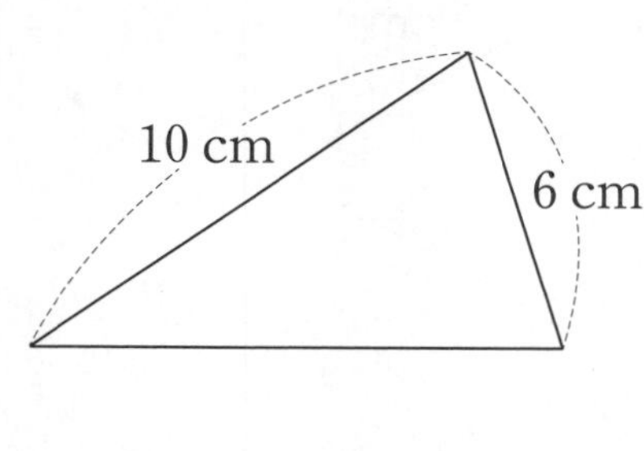

( ) cm

★ 정삼각형입니다. 삼각형의 세 변의 길이의 합을 구하세요.

7

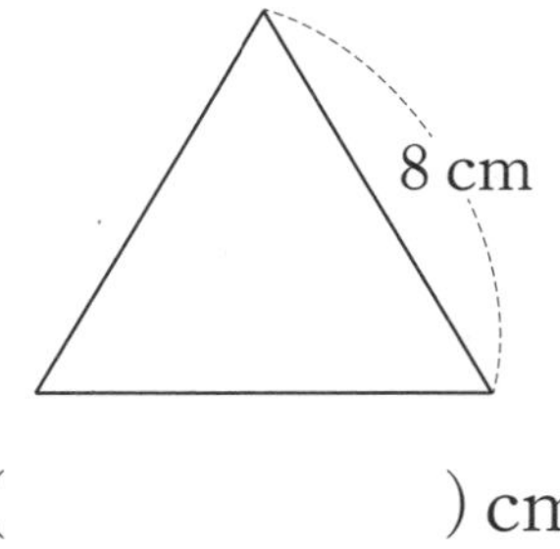

( ) cm

8

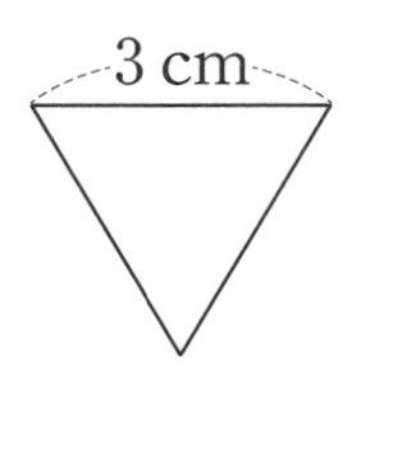

( ) cm

9

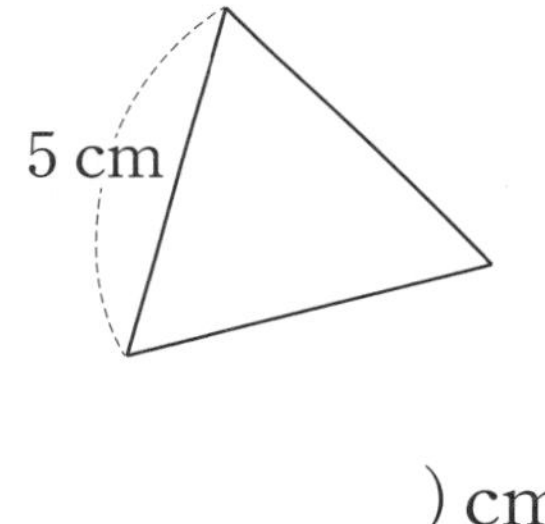

( ) cm

10

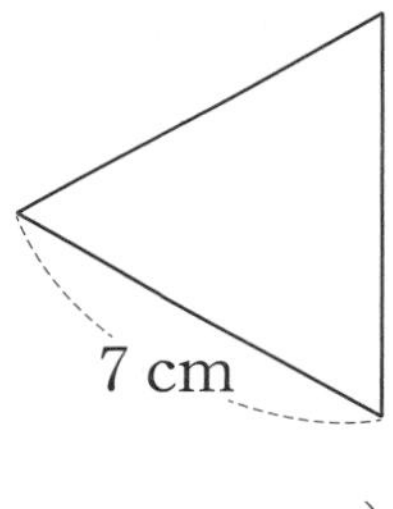

( ) cm

11

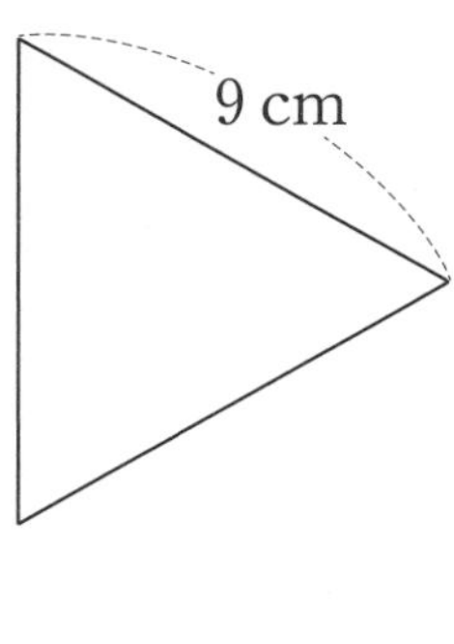

( ) cm

12

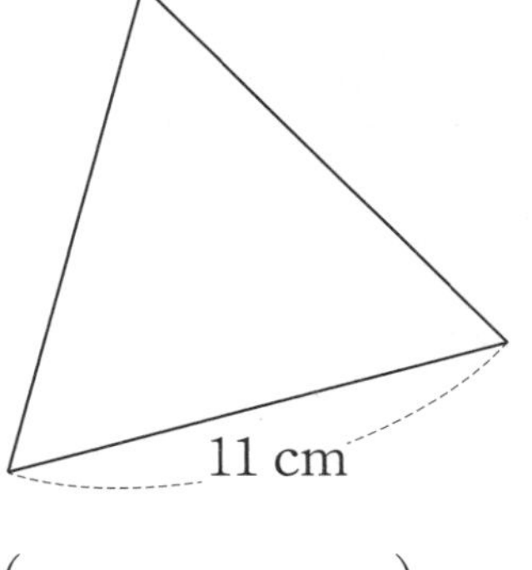

( ) cm

이등변삼각형의 성질

이름 :
날짜 :
시간 : : ~ :

이등변삼각형 그리기

1 이등변삼각형을 완성해 보세요.

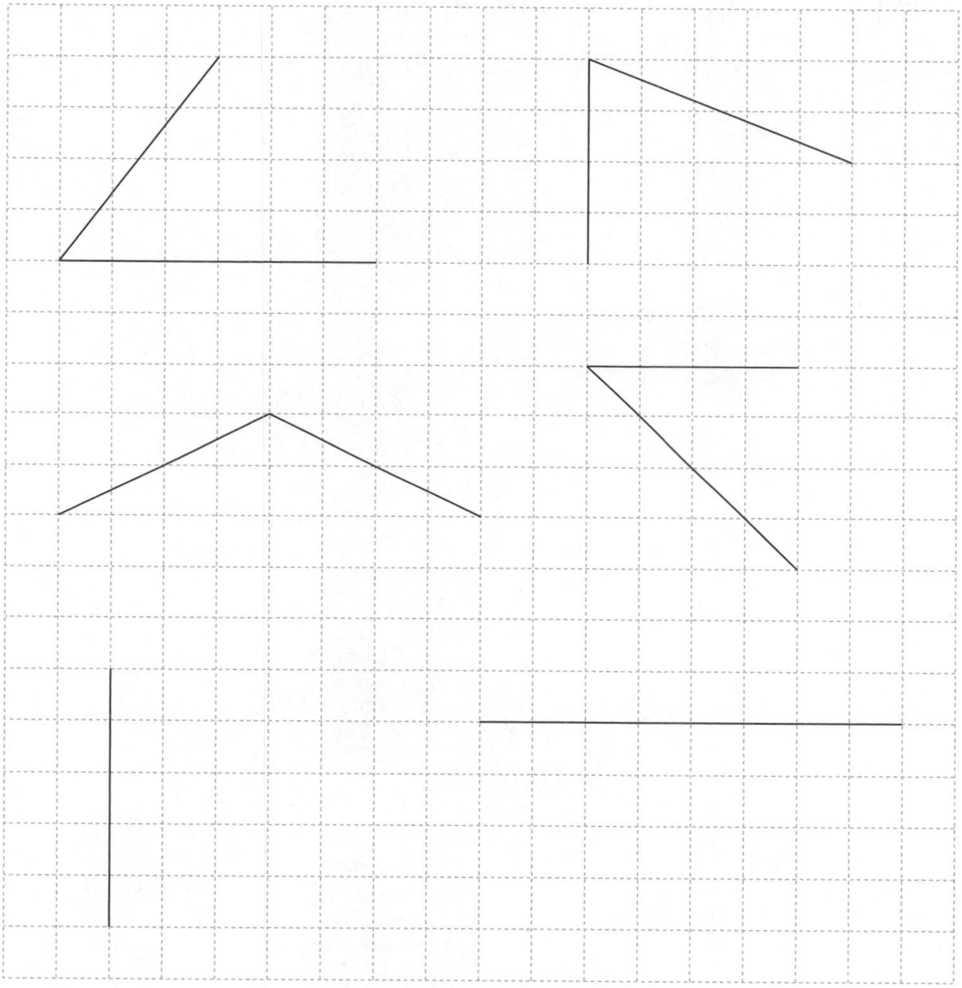

이등변삼각형은 두 변의 길이가 같습니다.

2 주어진 선분을 한 변으로 하는 이등변삼각형을 그려 보고, 각도기로 각의 크기를 재어 알게 된 것을 써 보세요.

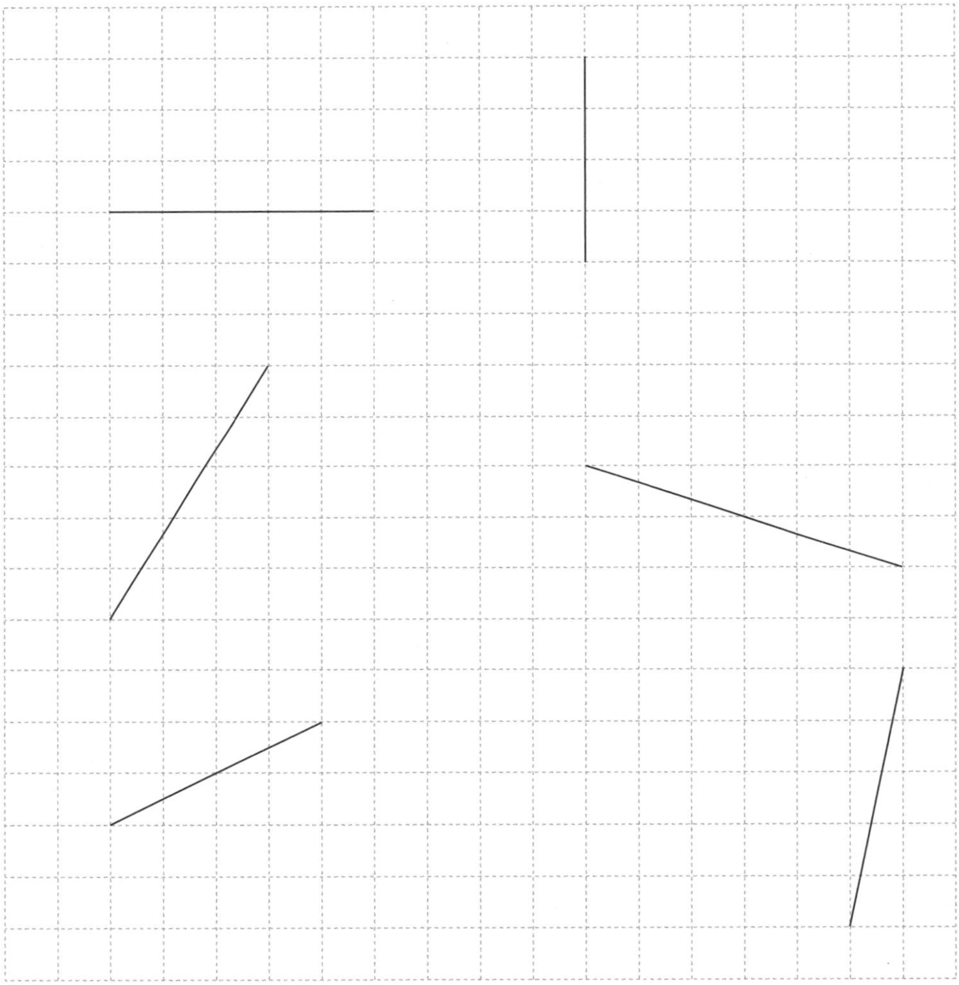

이등변삼각형은 두 각의 크기가 [　　　　　　].

이등변삼각형의 성질

이름 :
날짜 :
시간 : : ~ :

한 변을 이용하여 두 각의 크기가 같은 이등변삼각형 그리기

★ 선분 ㄱㄴ을 이용하여 보기와 같은 이등변삼각형을 그려 보세요.

1 보기

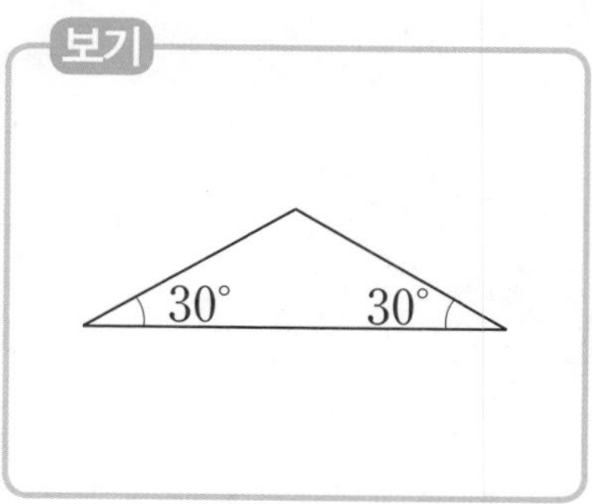

ㄱ ㄴ

2 보기

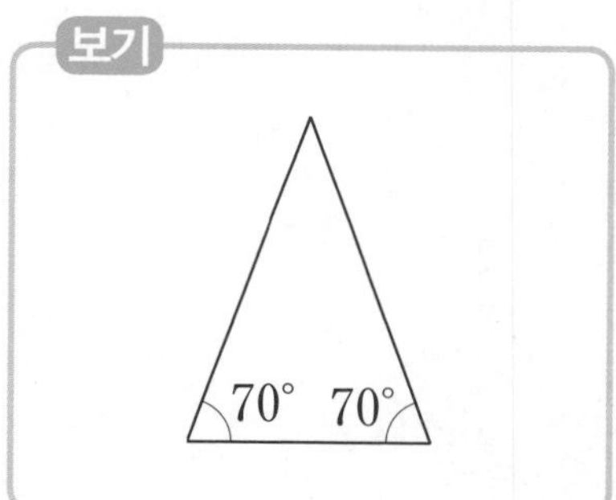

ㄱ ㄴ

3 보기

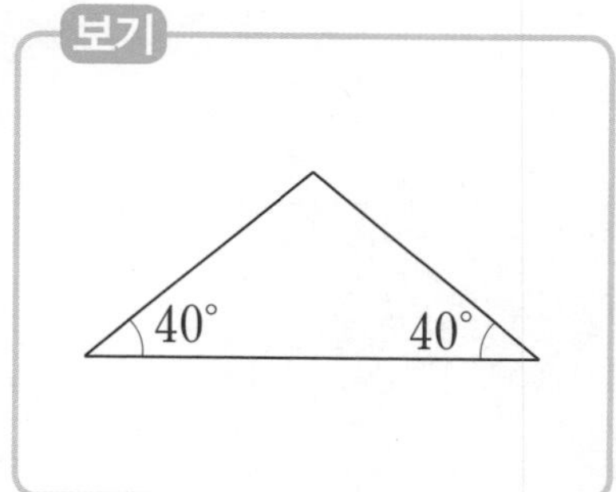

ㄱ ㄴ

★ 선분 ㄱㄴ을 이용하여 보기와 같은 이등변삼각형을 그려 보세요.

4 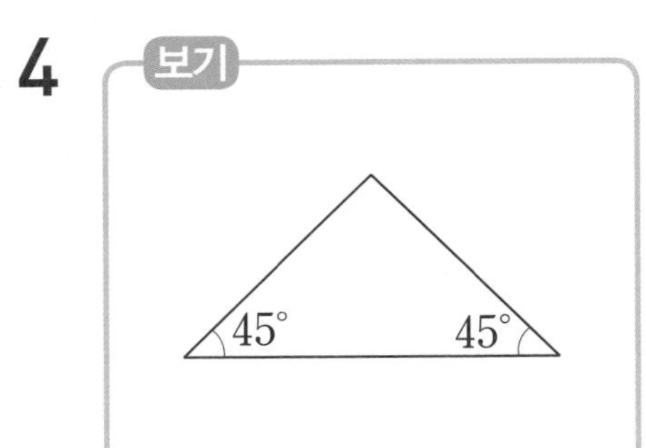

ㄱ ㄴ

5 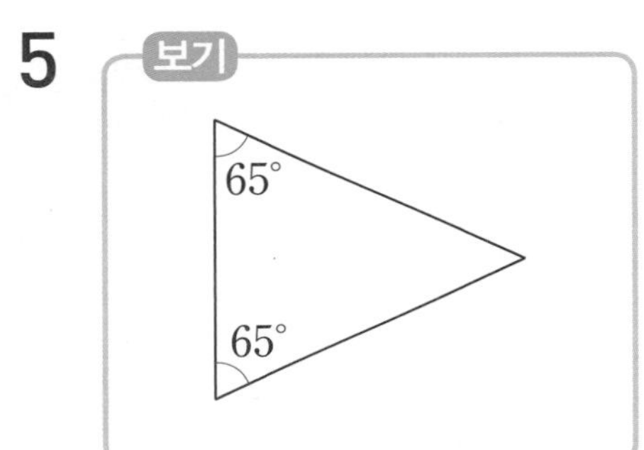

ㄱ
ㄴ

6 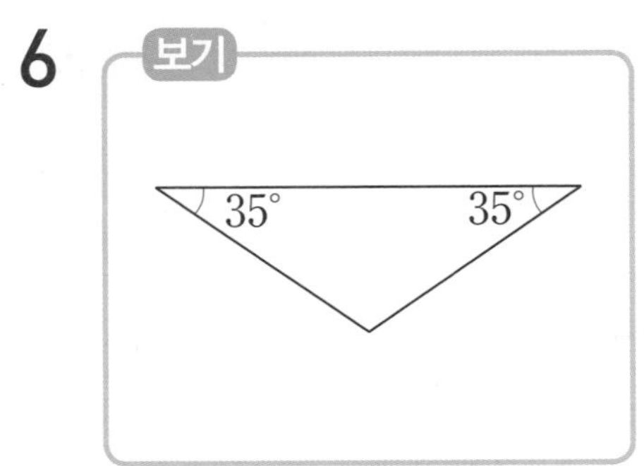

ㄱ ㄴ

이등변삼각형의 성질

이름 :
날짜 :
시간 : : ~ :

이등변삼각형의 각의 크기 구하기 ①

★ 이등변삼각형입니다. ☐ 안에 알맞은 수를 써넣으세요.

1

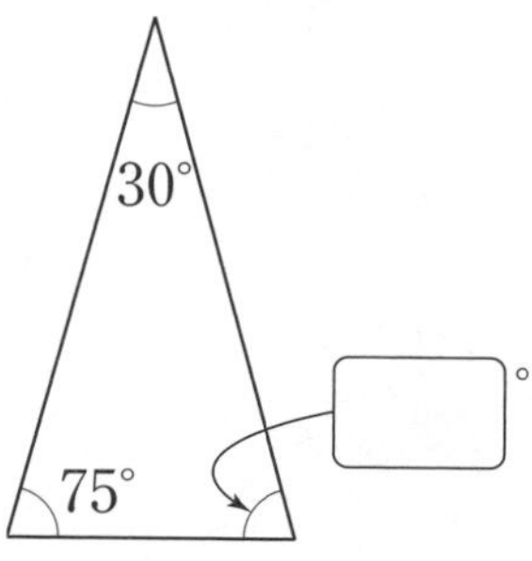

2

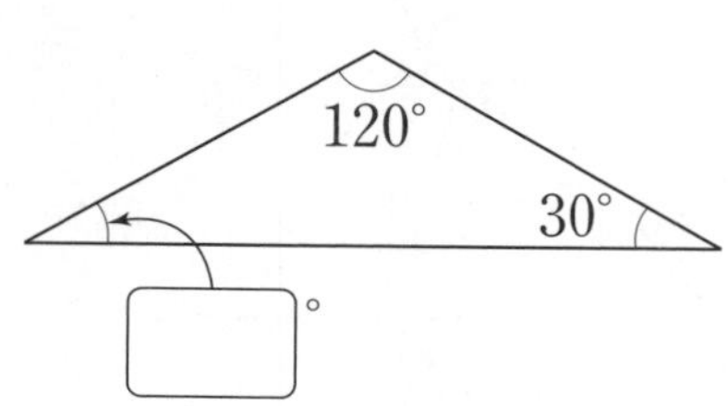

3

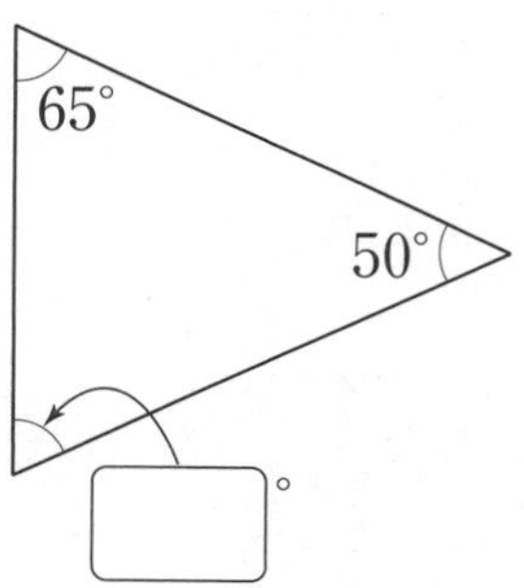

4

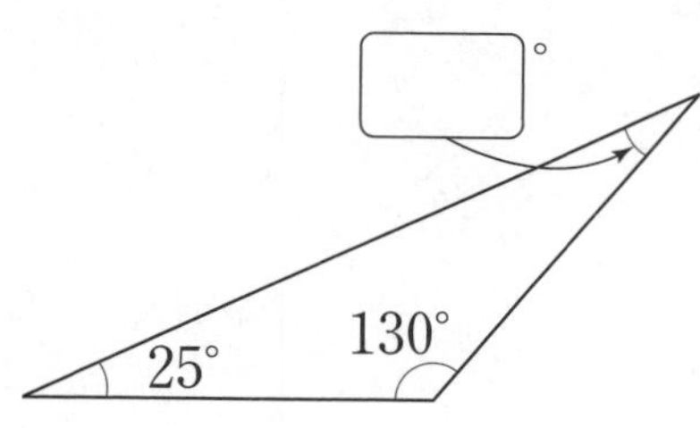

5

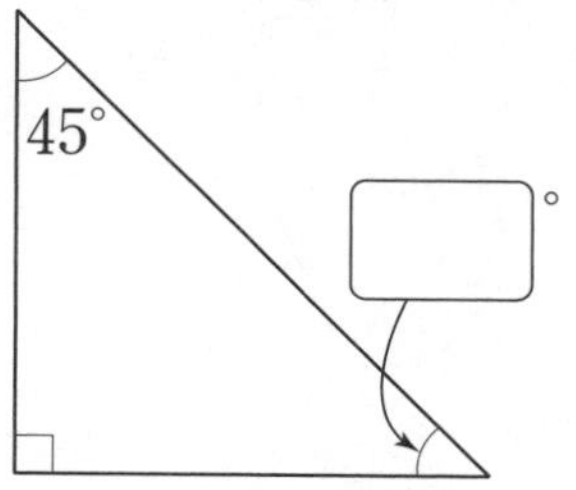

6

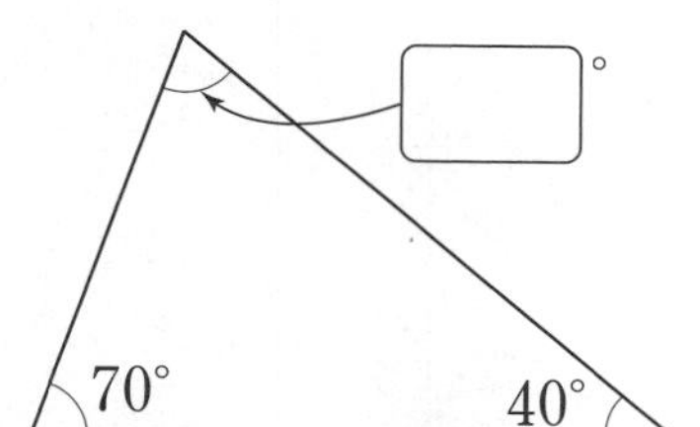

★ 이등변삼각형입니다. □ 안에 알맞은 수를 써넣으세요.

7

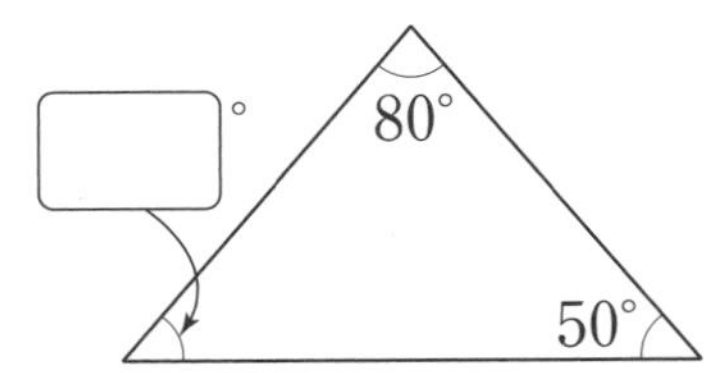

8

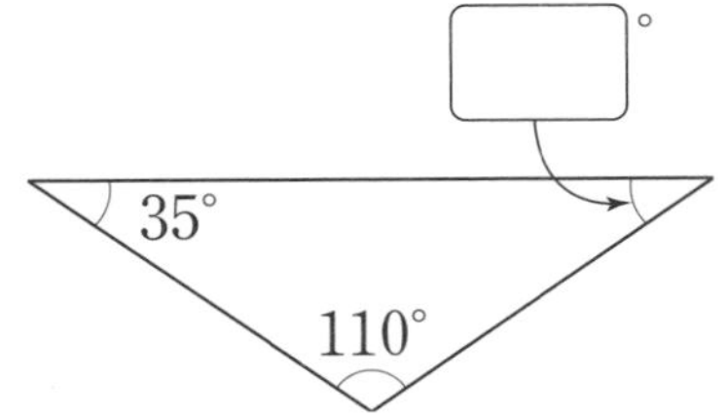

9

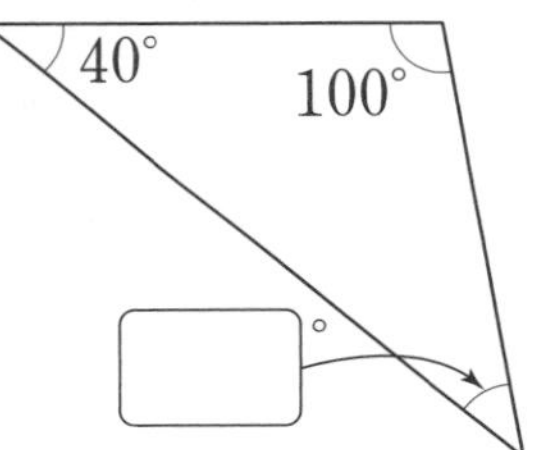

10

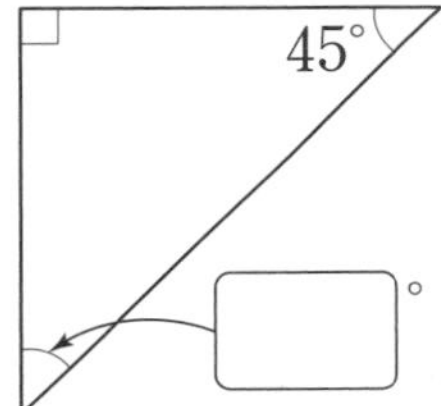

11

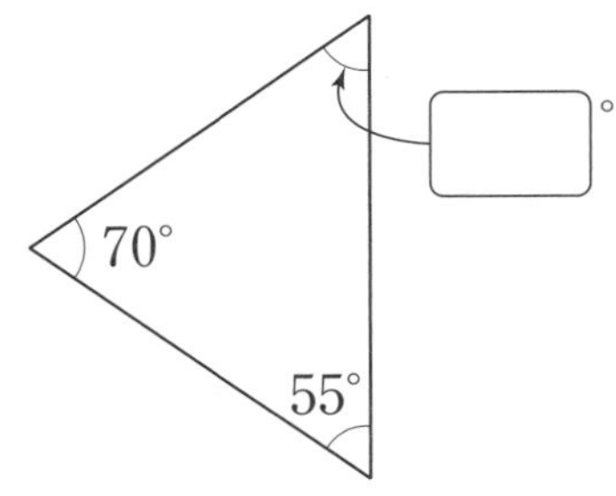

12

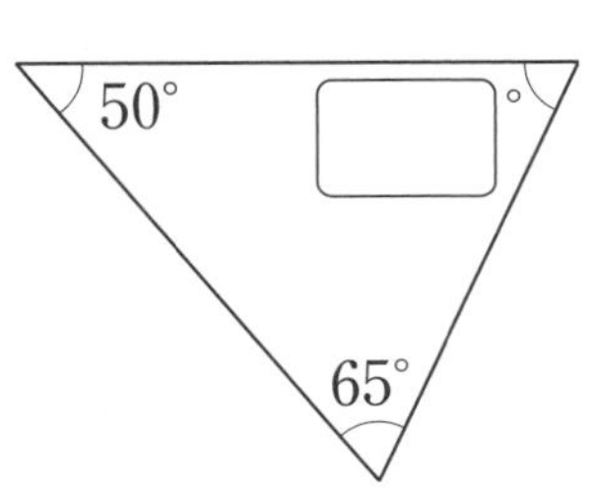

이등변삼각형의 성질

이름 :
날짜 :
시간 : : ~ :

이등변삼각형의 각의 크기 구하기 ②

★ 이등변삼각형입니다. ▢ 안에 알맞은 수를 써넣으세요.

1

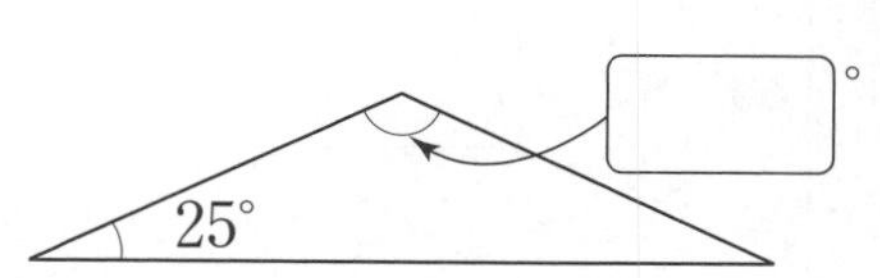

2

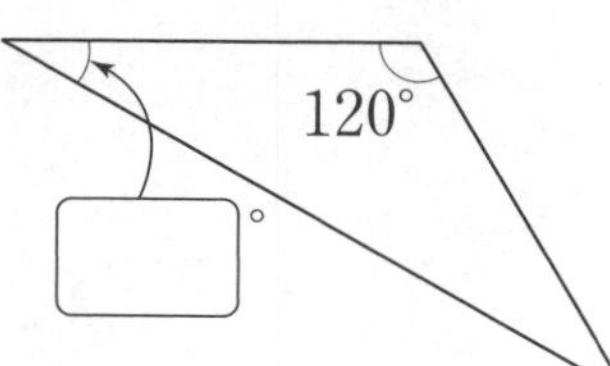

3

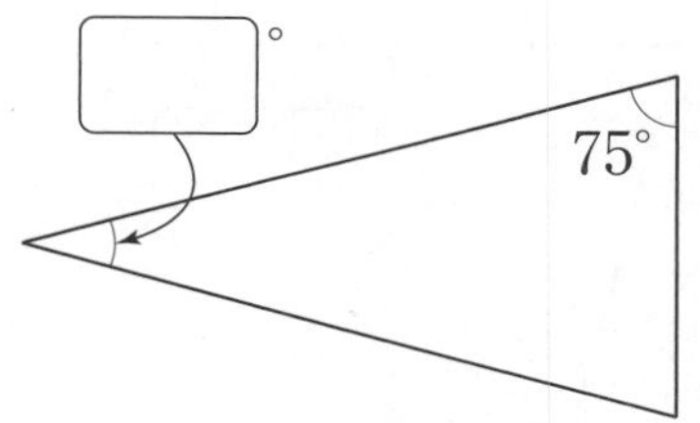

4

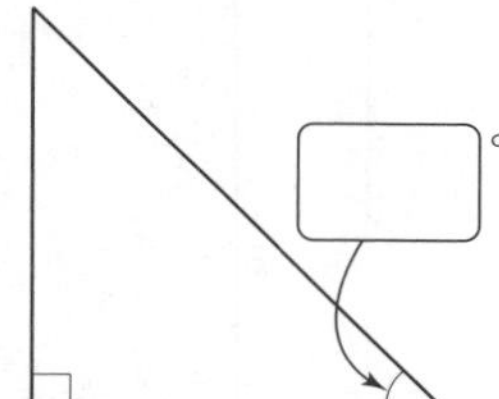

5

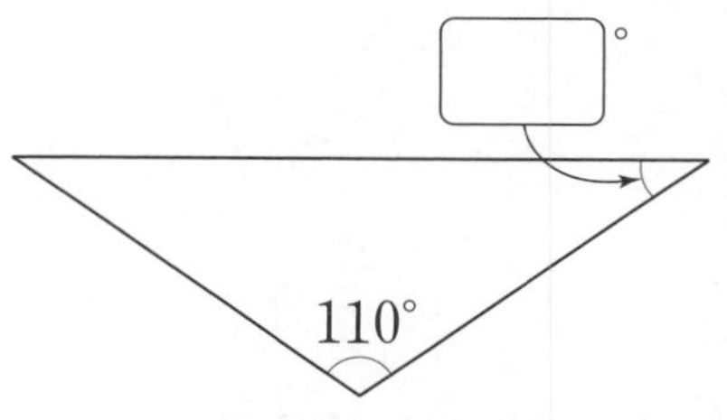

6

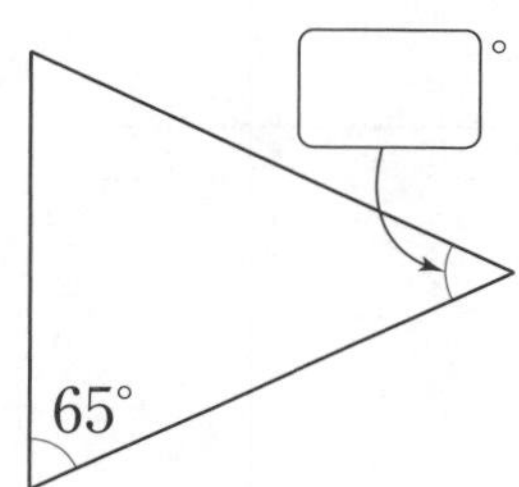

★ 이등변삼각형입니다. ▢ 안에 알맞은 수를 써넣으세요.

7

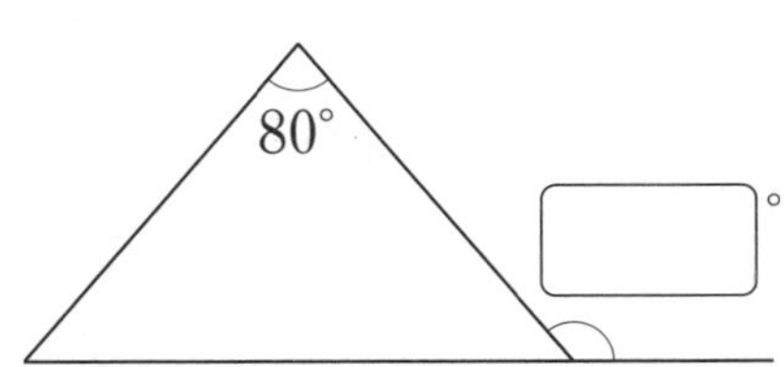

8

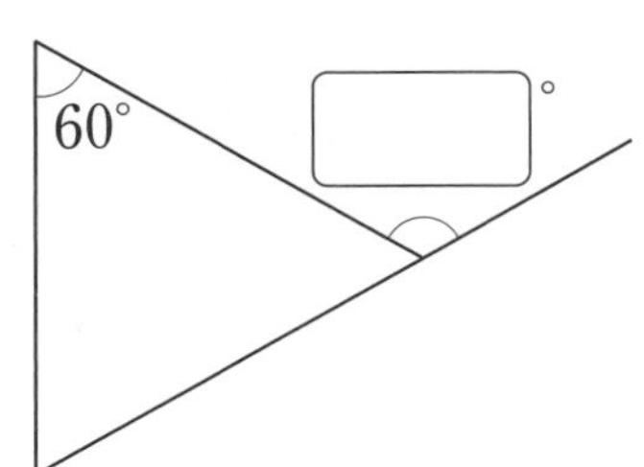

9

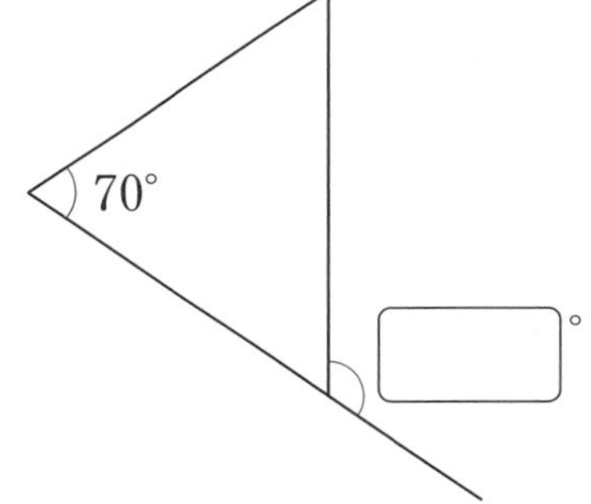

10

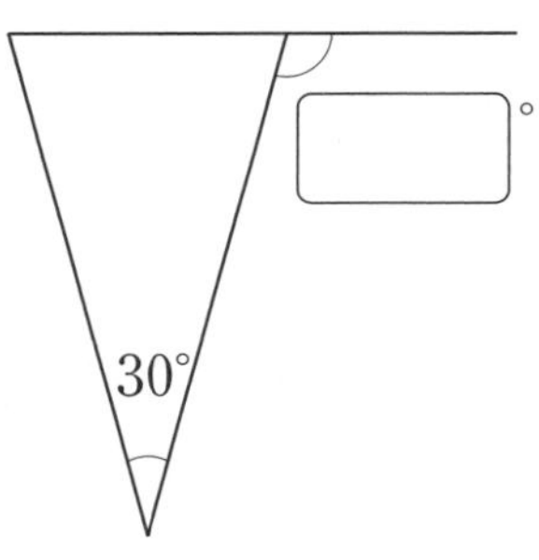

11

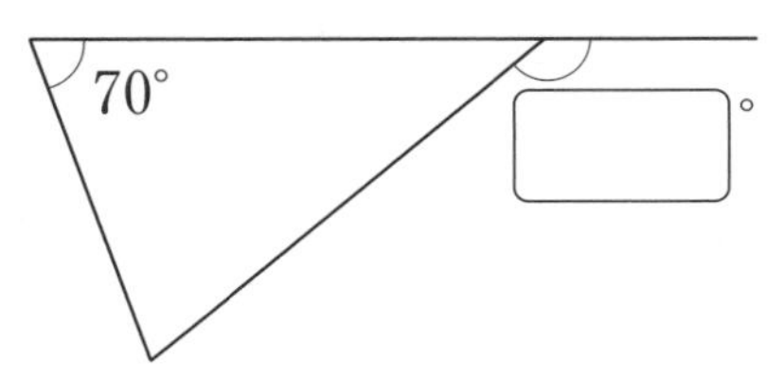

12

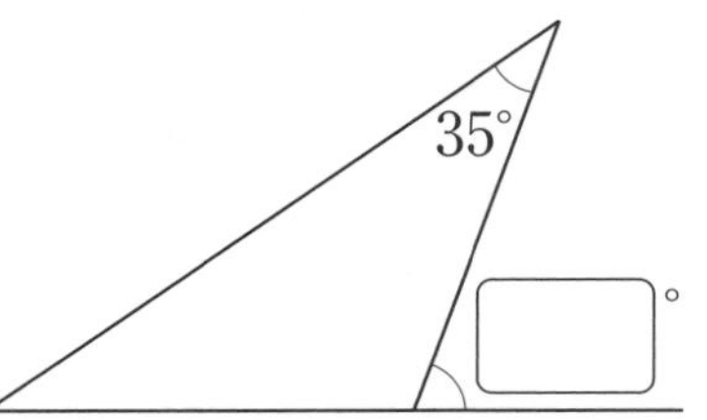

정삼각형의 성질

이름 :
날짜 :
시간 : : ~ :

정삼각형 그리기

1 정삼각형을 완성해 보세요.

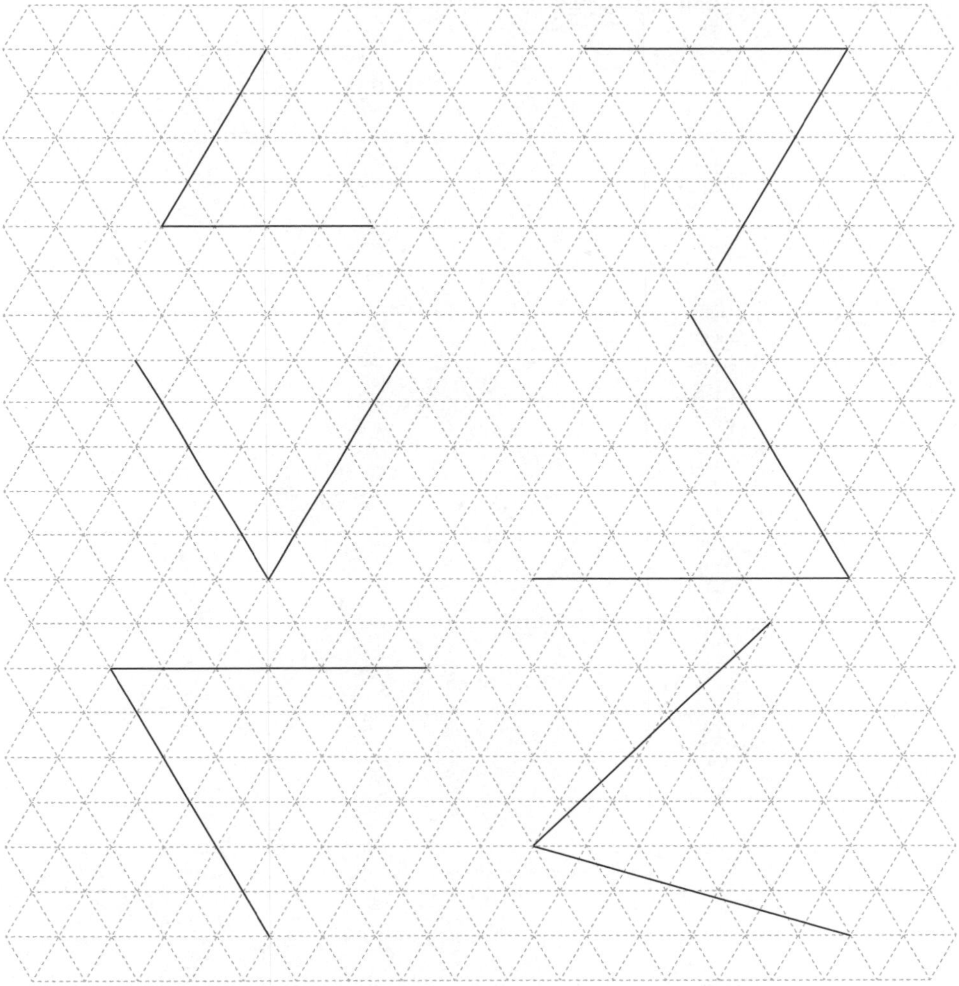

정삼각형은 세 변의 길이가 같습니다.

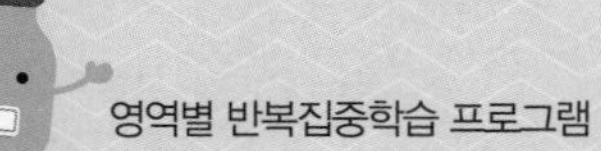

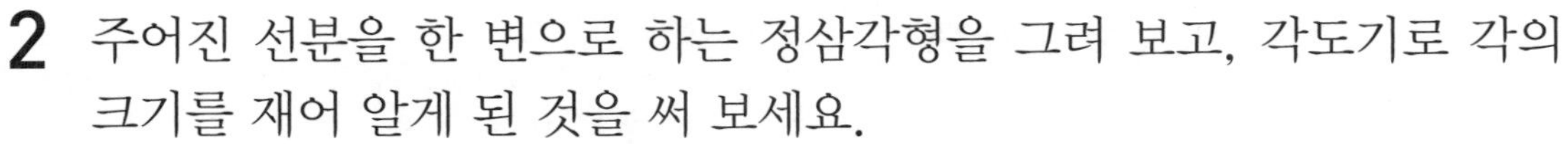

2 주어진 선분을 한 변으로 하는 정삼각형을 그려 보고, 각도기로 각의 크기를 재어 알게 된 것을 써 보세요.

정삼각형은 세 각의 크기가 [　　　　　].

정삼각형의 성질

이름 :
날짜 :
시간 : : ~ :

한 변을 이용하여 정삼각형 그리기/정삼각형의 각의 크기 구하기

★ 선분 ㄱㄴ을 이용하여 보기 와 같은 정삼각형을 그려 보세요.

1 보기

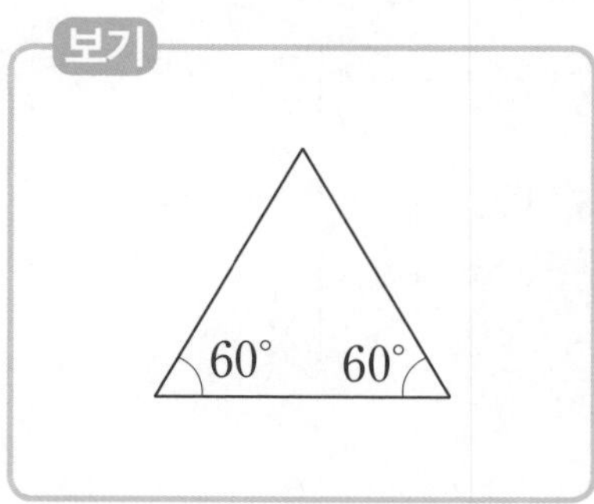

ㄱ ——— ㄴ

2 보기

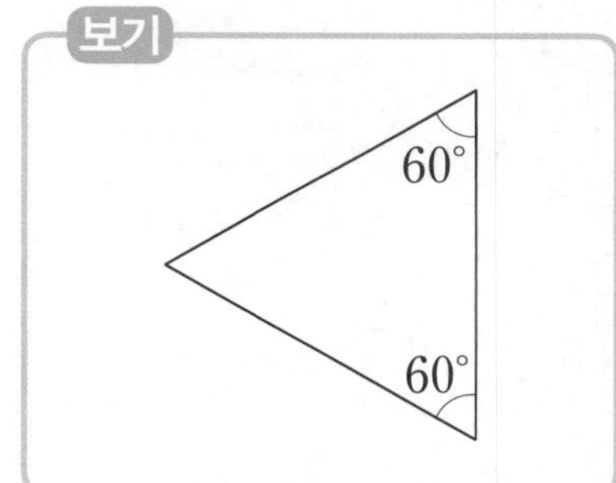

ㄱ
ㄴ

3 보기

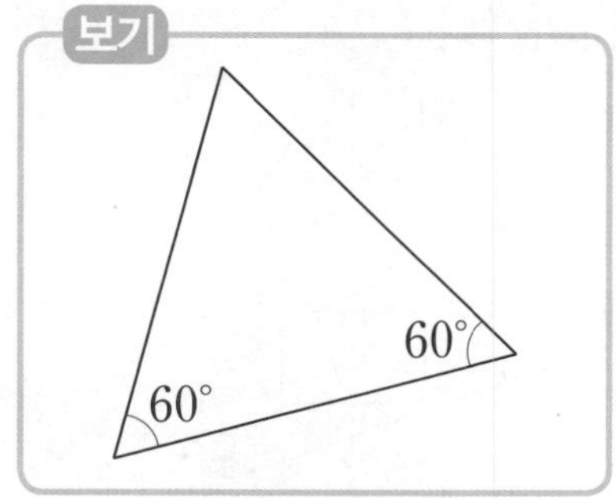

★ 정삼각형입니다. ▢ 안에 알맞은 수를 써넣으세요.

4
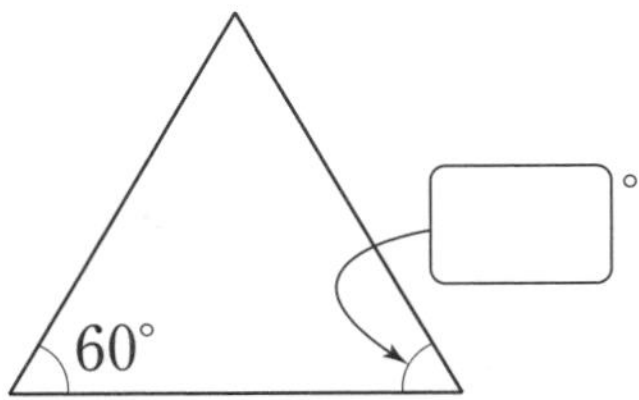

5
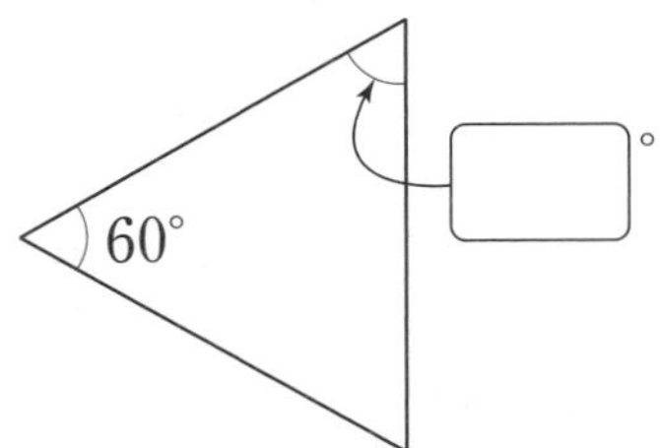

6
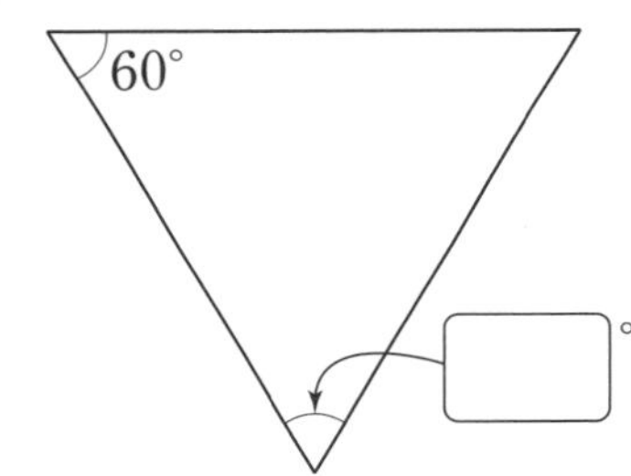

7
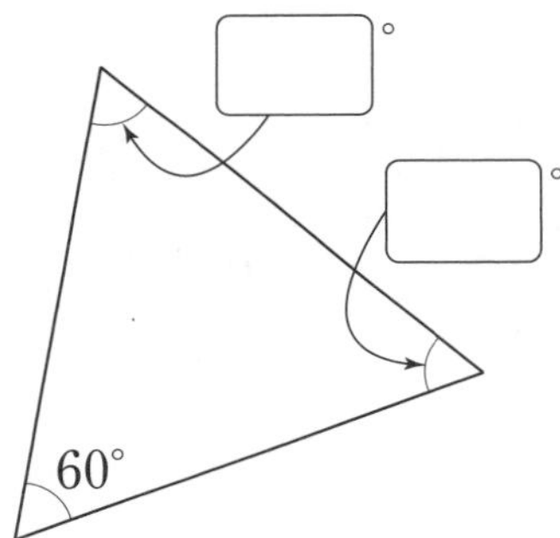

8
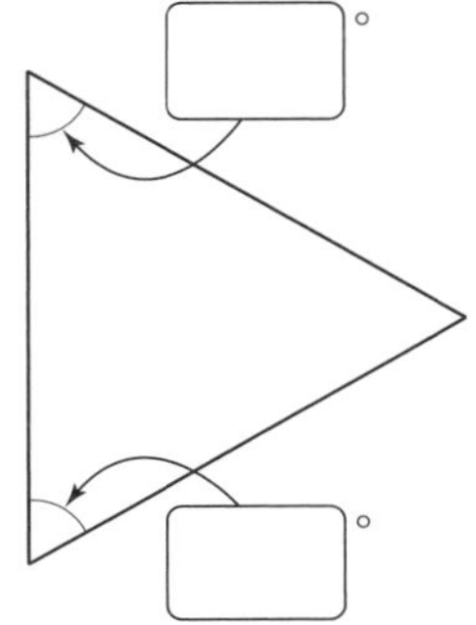

9
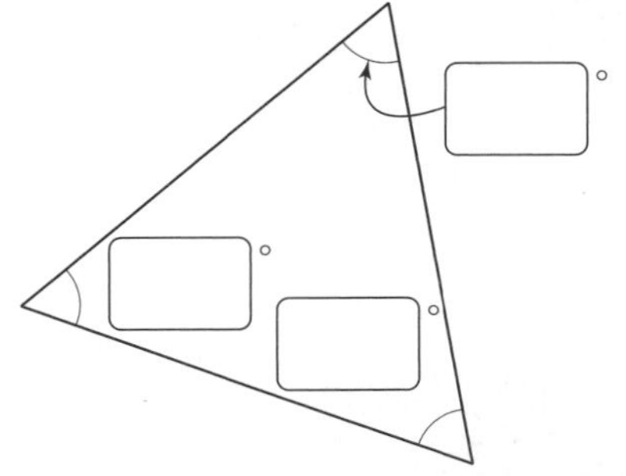

삼각형 분류하기(2)

이름 :

날짜 :

시간 : : ~ :

각의 크기에 따라 삼각형의 세 각 분류하기

★ 삼각형을 보고 예각은 '예', 직각은 '직', 둔각은 '둔'이라고 써넣으세요.

1

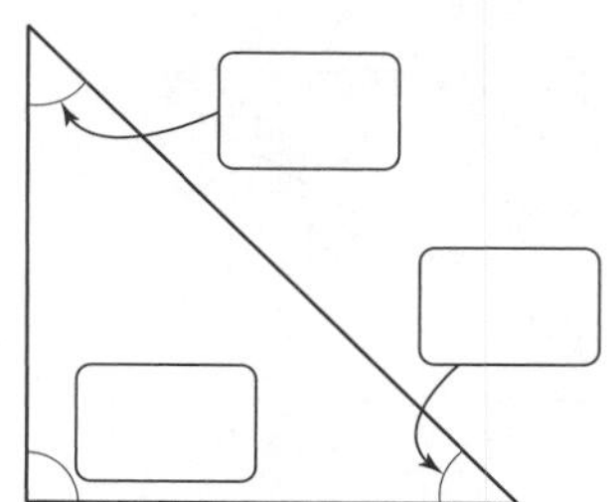

2

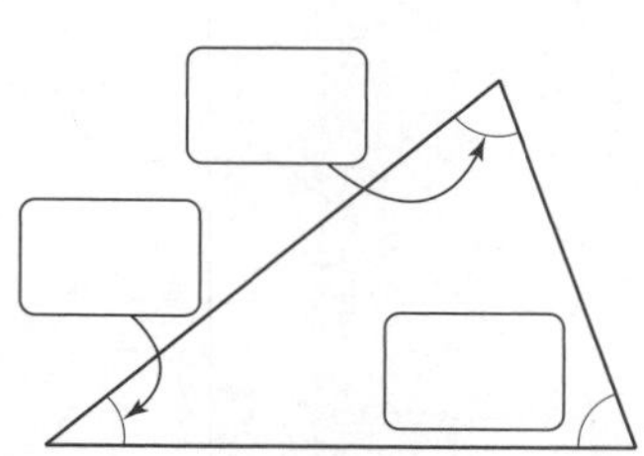

3

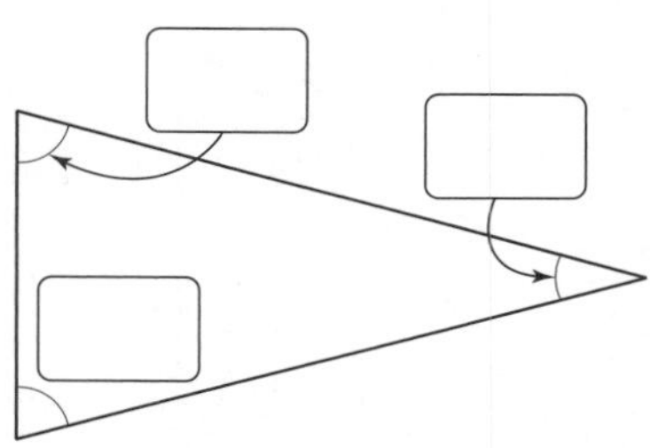

4

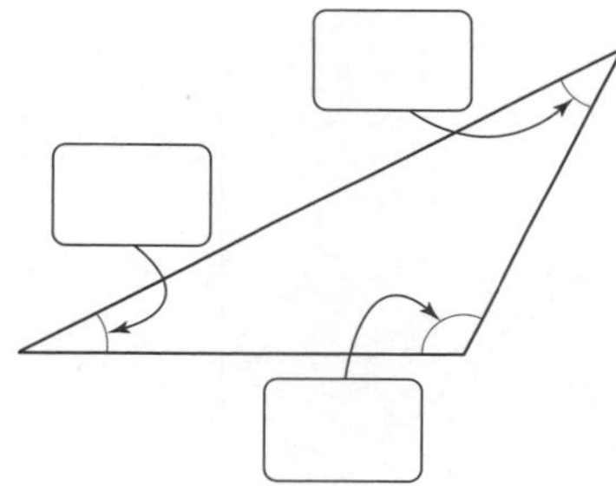

5

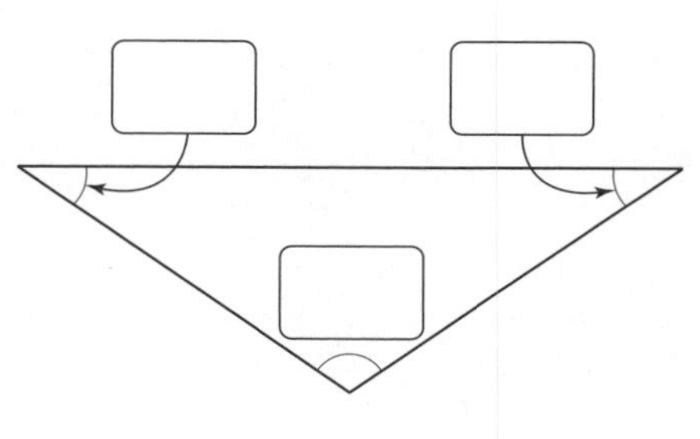

6

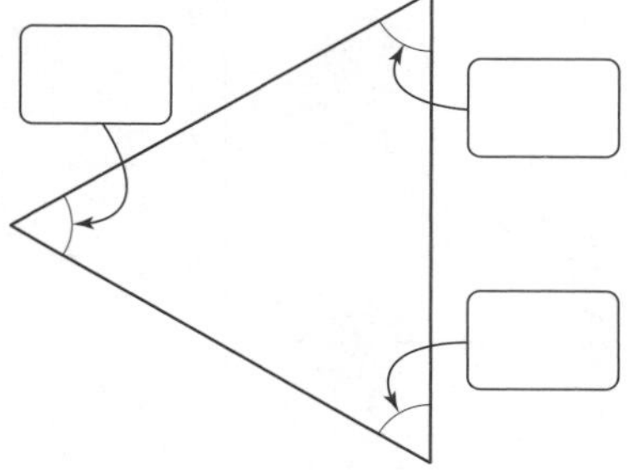

자르는 선

★ 삼각형을 보고 예각은 '예', 직각은 '직', 둔각은 '둔'이라고 써넣으세요.

7

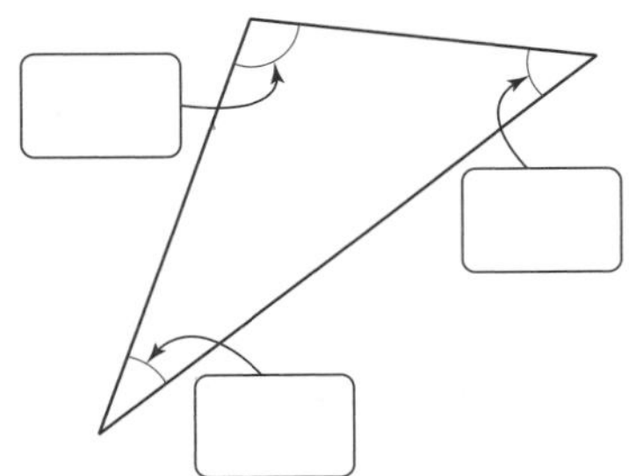

8

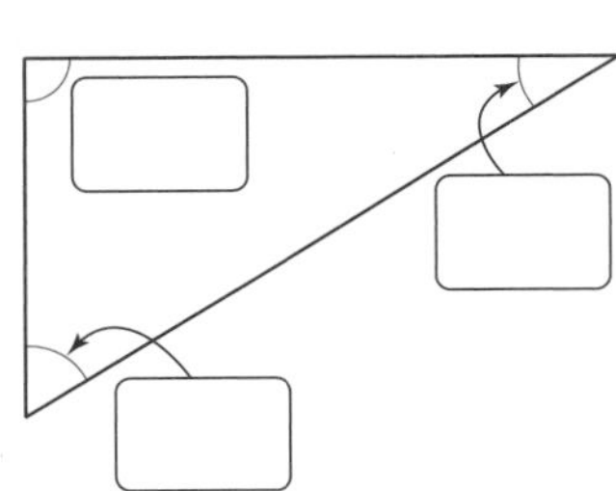

9

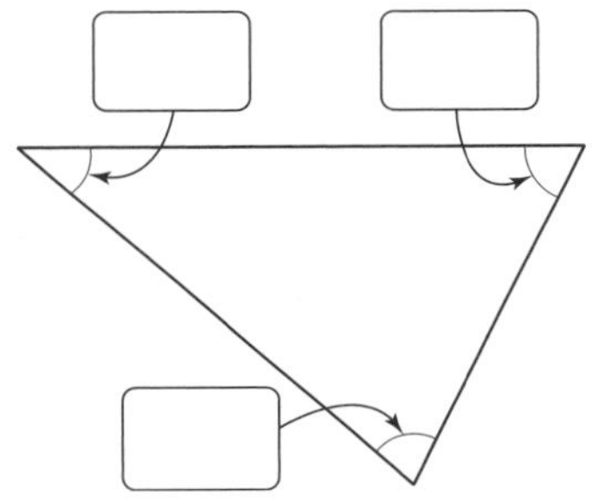

10

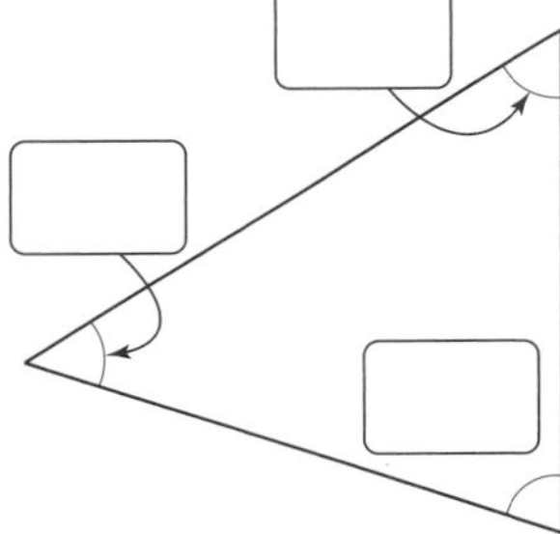

11

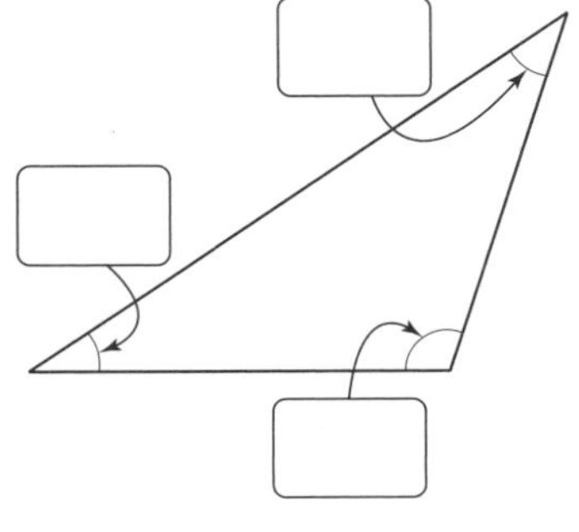

12

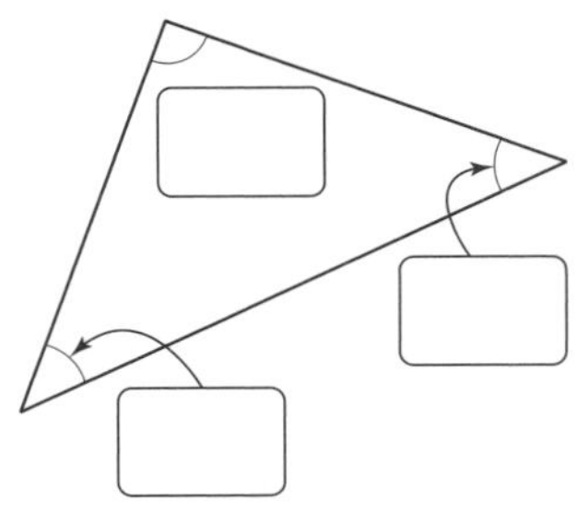

삼각형 분류하기(2)

이름 :
날짜 :
시간 : : ~ :

삼각형을 각의 크기에 따라 분류하기 ①

1 삼각형을 각의 크기에 따라 분류하여 기호를 써 보세요.

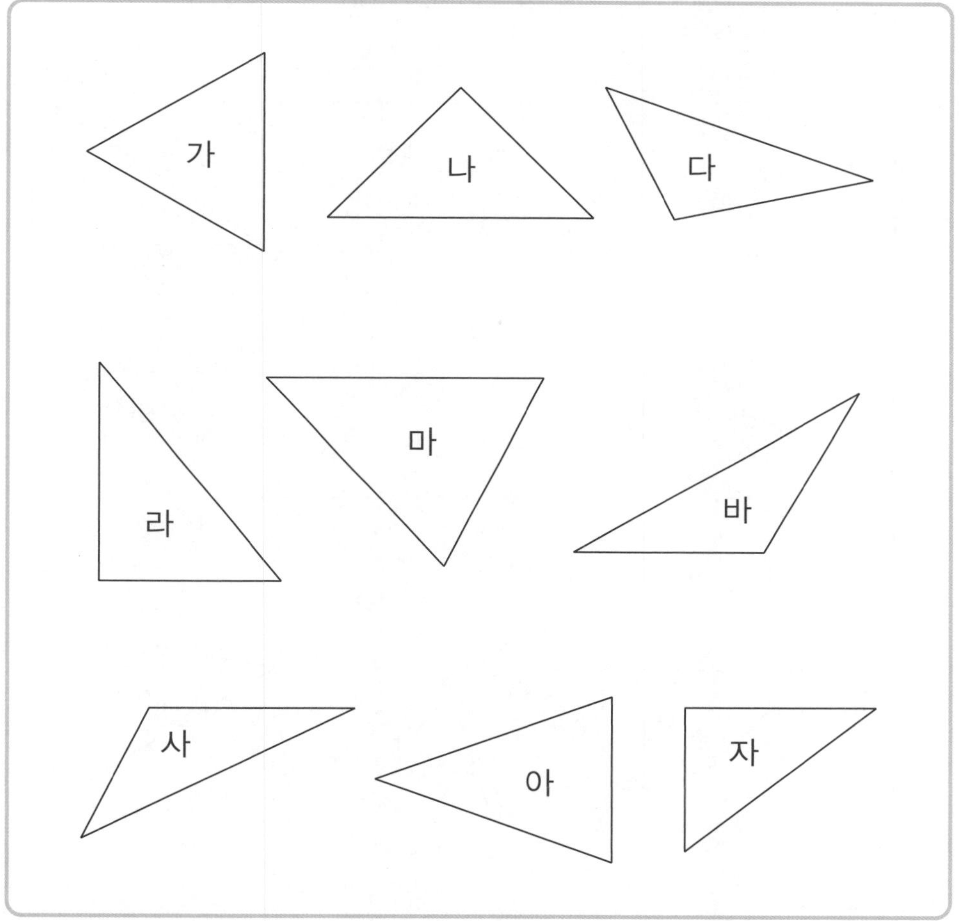

세 각이 모두 예각인 삼각형	직각삼각형	둔각이 있는 삼각형

2 삼각형을 각의 크기에 따라 분류하여 기호를 써 보세요.

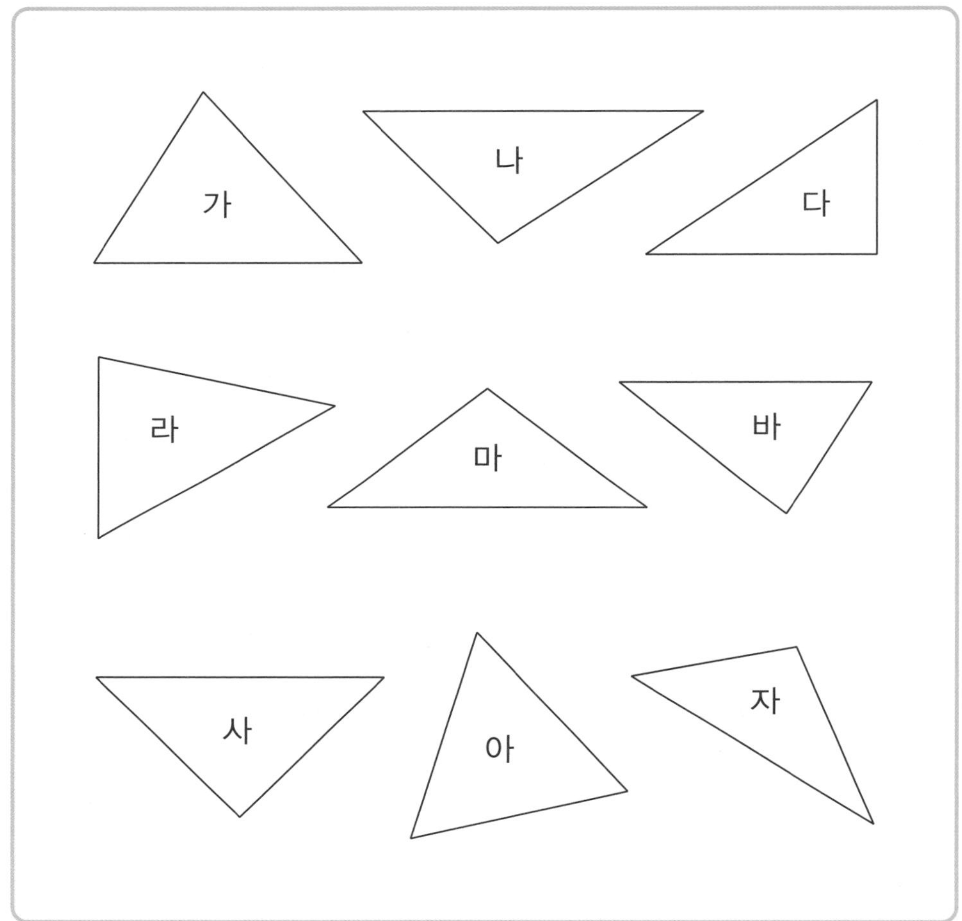

세 각이 모두 예각인 삼각형	직각삼각형	둔각이 있는 삼각형

삼각형 분류하기(2)

이름 :
날짜 :
시간 : : ~ :

삼각형을 각의 크기에 따라 분류하기 ②

1 삼각형을 각의 크기에 따라 분류하여 기호를 써 보세요.

세 각이 모두 예각인 삼각형을 예각삼각형이라 하고, 한 각이 둔각인 삼각형을 둔각삼각형이라고 합니다.

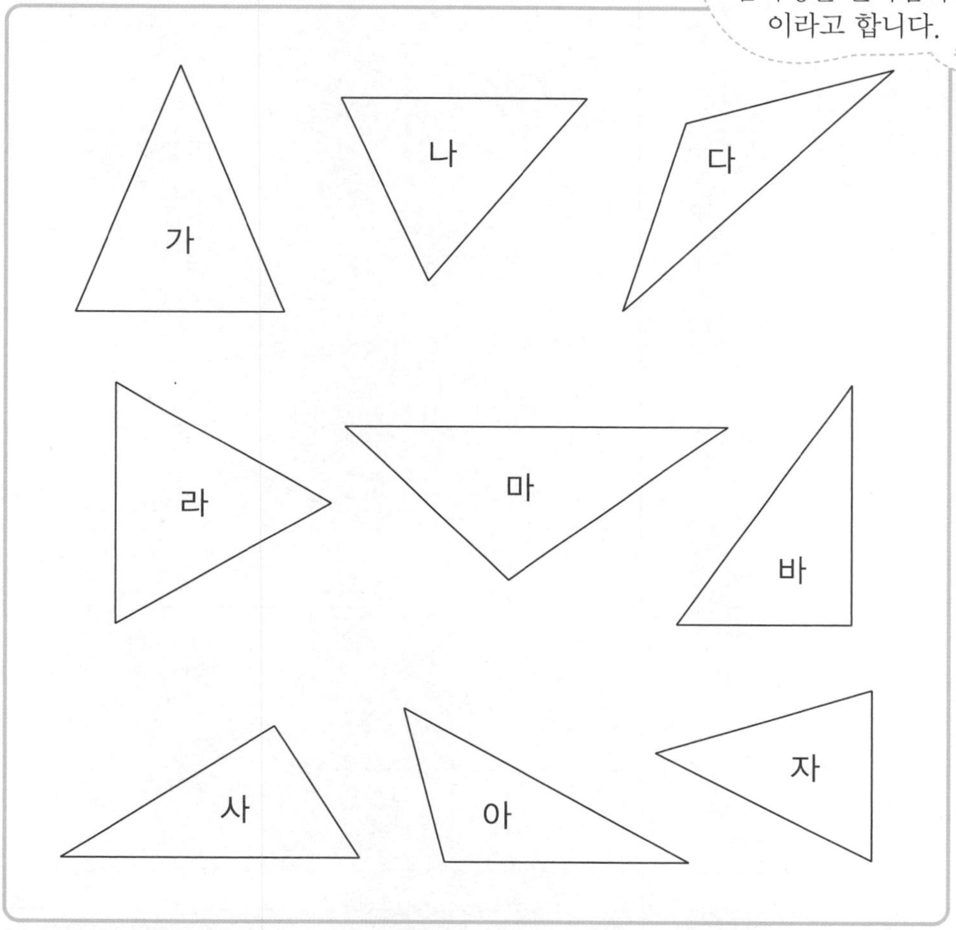

가 나 다 라 마 바 사 아 자

예각삼각형	직각삼각형	둔각삼각형

2 삼각형을 각의 크기에 따라 분류하여 기호를 써 보세요.

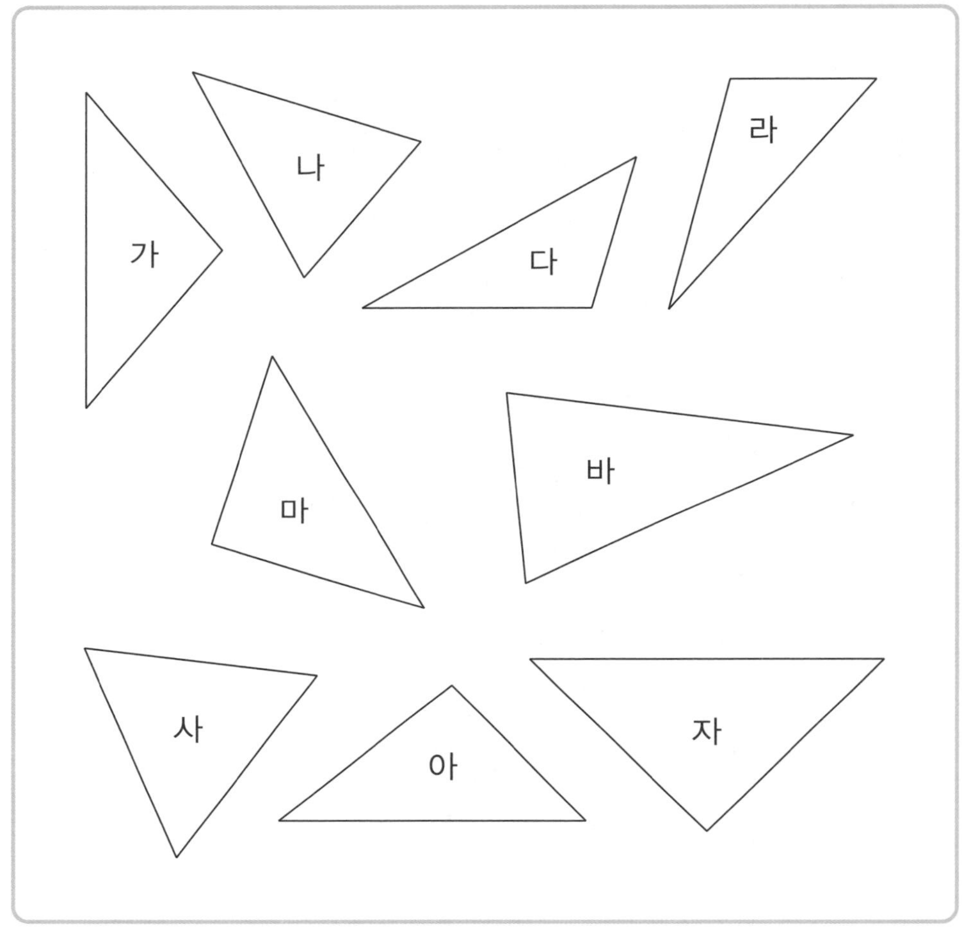

예각삼각형	직각삼각형	둔각삼각형

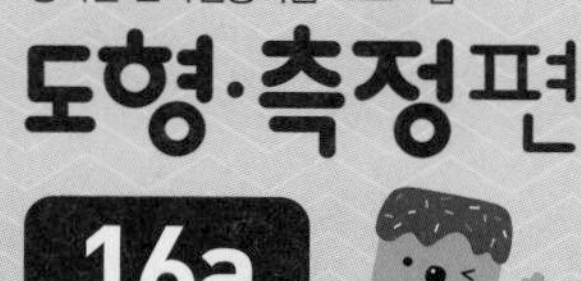

삼각형 분류하기(2)

이름 :
날짜 :
시간 : : ~ :

세 각의 크기를 보고 알맞은 삼각형 찾기

1 삼각형의 세 각의 크기를 보고 예각삼각형을 찾아 기호를 쓰세요.

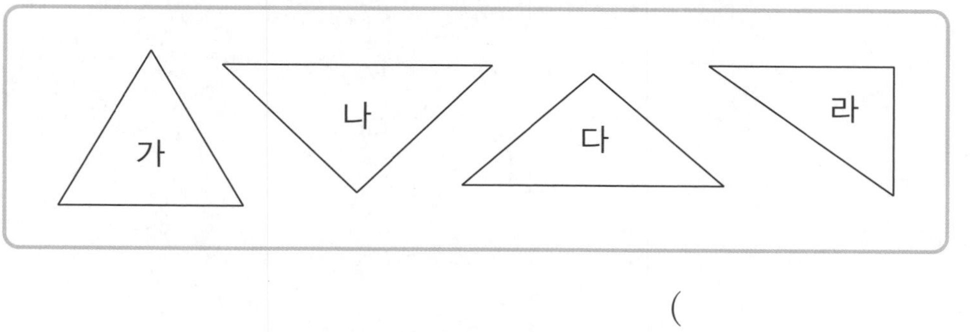

( )

2 삼각형의 세 각의 크기를 보고 직각삼각형을 찾아 기호를 쓰세요.

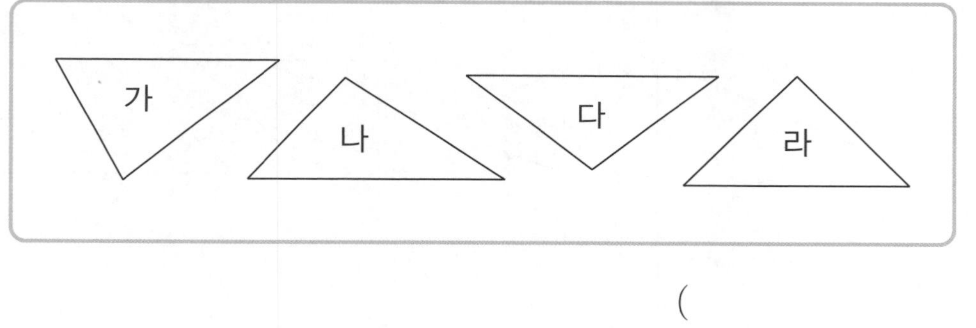

( )

3 삼각형의 세 각의 크기를 보고 둔각삼각형을 찾아 기호를 쓰세요.

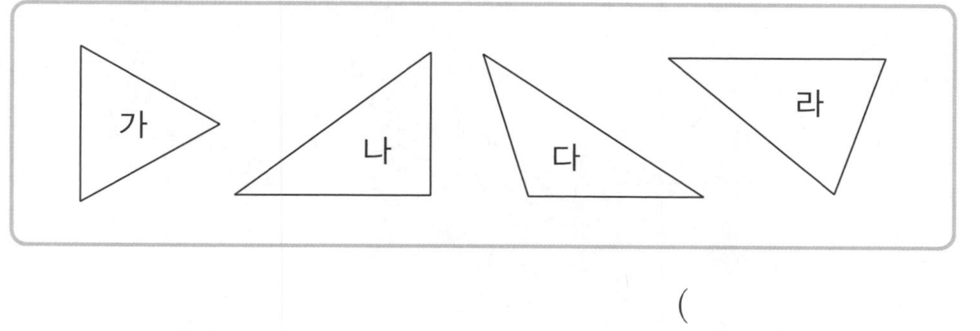

( )

4 삼각형의 세 각의 크기를 보고 예각삼각형을 찾아 기호를 쓰세요.

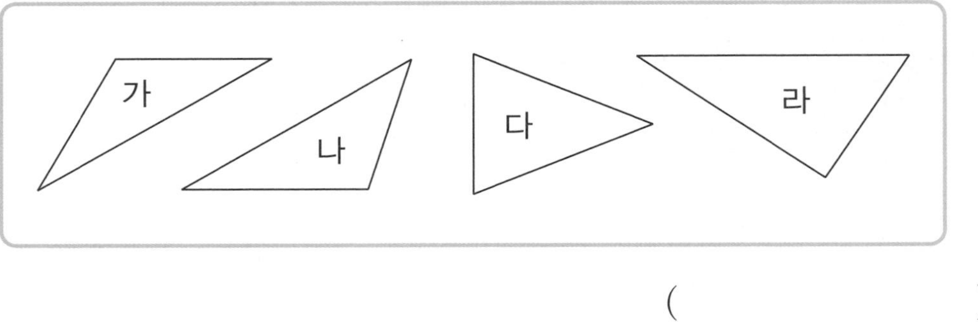

( )

5 삼각형의 세 각의 크기를 보고 직각삼각형을 찾아 기호를 쓰세요.

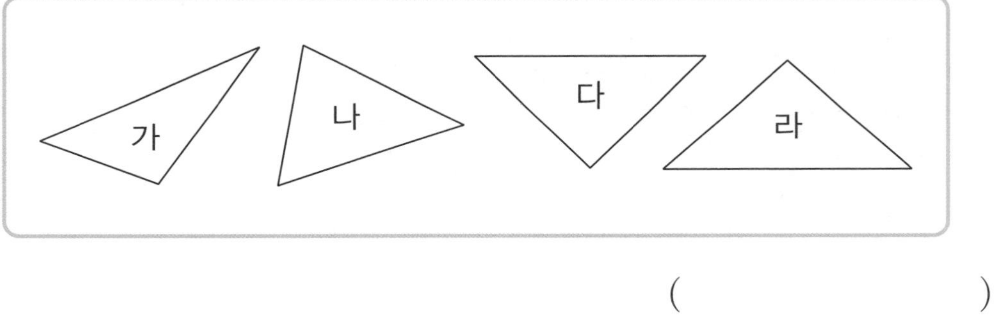

( )

6 삼각형의 세 각의 크기를 보고 둔각삼각형을 찾아 기호를 쓰세요.

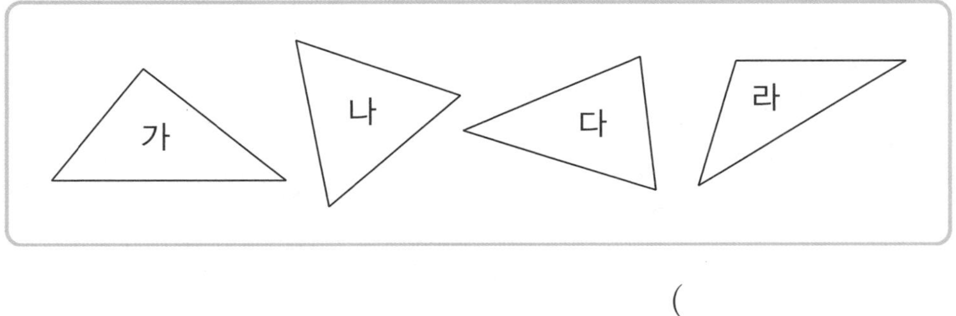

( )

이름 :
날짜 :
시간 : : ~ :

삼각형 분류하기(2)

두 각의 크기를 보고 알맞은 삼각형 찾기

1 삼각형의 세 각 중 두 각의 크기가 다음과 같을 때, 예각삼각형을 찾아 기호를 쓰세요.

㉠ 30°, 40°	㉡ 45°, 35°	㉢ 60°, 30°
㉣ 50°, 65°	㉤ 25°, 55°	

( )

2 삼각형의 세 각 중 두 각의 크기가 다음과 같을 때, 직각삼각형을 찾아 기호를 쓰세요.

㉠ 45°, 20°	㉡ 50°, 35°	㉢ 30°, 60°
㉣ 40°, 60°	㉤ 60°, 50°	

( )

3 삼각형의 세 각 중 두 각의 크기가 다음과 같을 때, 둔각삼각형을 찾아 기호를 쓰세요.

㉠ 40°, 50°	㉡ 20°, 45°	㉢ 70°, 30°
㉣ 35°, 65°	㉤ 55°, 60°	

( )

4 삼각형의 세 각 중 두 각의 크기가 다음과 같을 때, 예각삼각형을 찾아 기호를 쓰세요.

㉠ 30°, 55°	㉡ 40°, 35°	㉢ 50°, 40°
㉣ 60°, 45°	㉤ 70°, 20°	

( )

5 삼각형의 세 각 중 두 각의 크기가 다음과 같을 때, 직각삼각형을 찾아 기호를 쓰세요.

㉠ 50°, 30°	㉡ 20°, 65°	㉢ 55°, 40°
㉣ 80°, 45°	㉤ 45°, 45°	

( )

6 삼각형의 세 각 중 두 각의 크기가 다음과 같을 때, 둔각삼각형을 찾아 기호를 쓰세요.

㉠ 45°, 35°	㉡ 25°, 80°	㉢ 35°, 55°
㉣ 65°, 40°	㉤ 50°, 70°	

( )

18a

삼각형 분류하기(2)

이름 :
날짜 :
시간 : : ~ :

삼각형 그리기(예각삼각형, 직각삼각형, 둔각삼각형)

1 점 종이에 세 점을 이어 서로 다른 예각삼각형을 2개 그려 보세요.

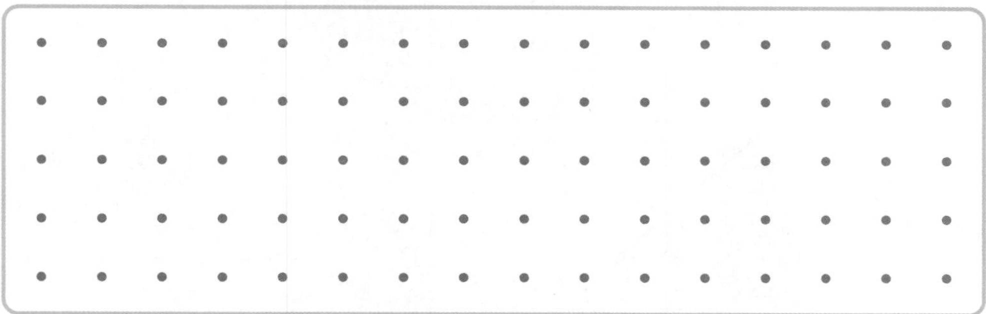

2 점 종이에 세 점을 이어 서로 다른 직각삼각형을 2개 그려 보세요.

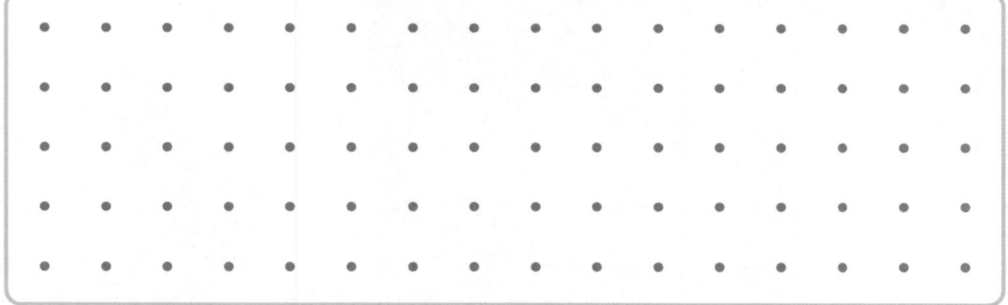

3 점 종이에 세 점을 이어 서로 다른 둔각삼각형을 2개 그려 보세요.

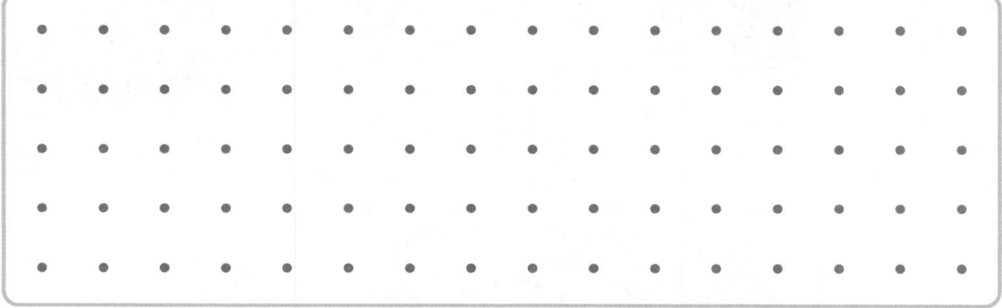

4 주어진 선분을 한 변으로 하는 예각삼각형을 그려 보세요.

5 주어진 선분을 한 변으로 하는 직각삼각형을 그려 보세요.

6 주어진 선분을 한 변으로 하는 둔각삼각형을 그려 보세요.

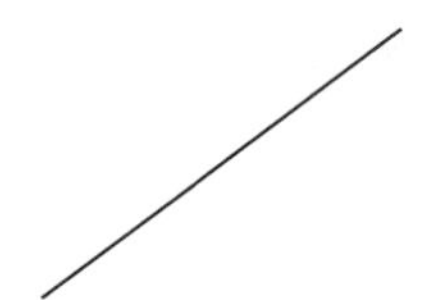

삼각형 분류하기(2)

이름 :
날짜 :
시간 : : ~ :

삼각형을 두 가지 기준으로 분류하기 ①

★ 알맞은 것끼리 이어 보세요.

1

이등변삼각형 •
정삼각형 •

• 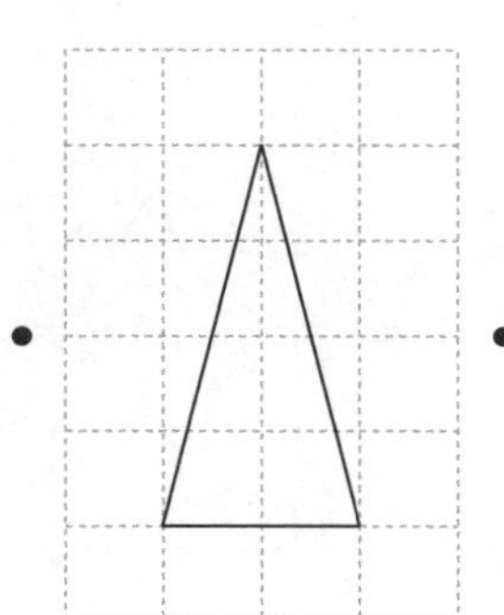 •

• 예각삼각형
• 직각삼각형
• 둔각삼각형

2

이등변삼각형 •
정삼각형 •

• 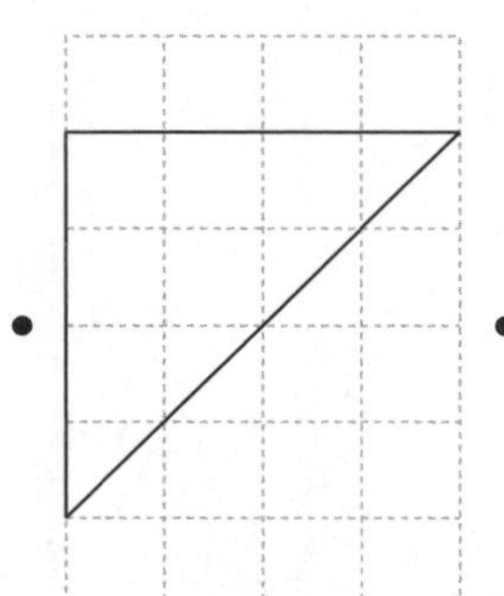 •

• 예각삼각형
• 직각삼각형
• 둔각삼각형

★ 알맞은 것끼리 이어 보세요.

3

이등변삼각형 •

정삼각형 •

• 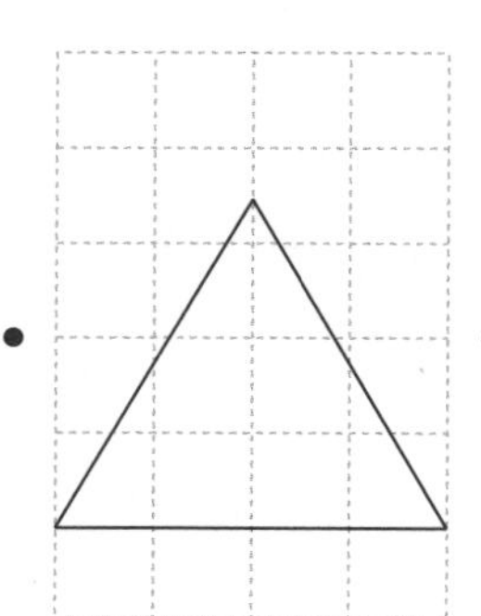 •

• 예각삼각형

• 직각삼각형

• 둔각삼각형

4

이등변삼각형 •

정삼각형 •

• 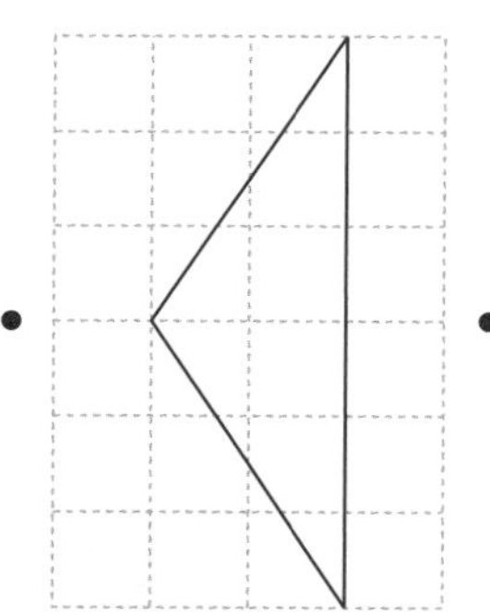 •

• 예각삼각형

• 직각삼각형

• 둔각삼각형

삼각형 분류하기(2)

이름 :
날짜 :
시간 : : ~ :

삼각형을 두 가지 기준으로 분류하기 ②

★ 삼각형을 분류하여 기호를 써 보세요.

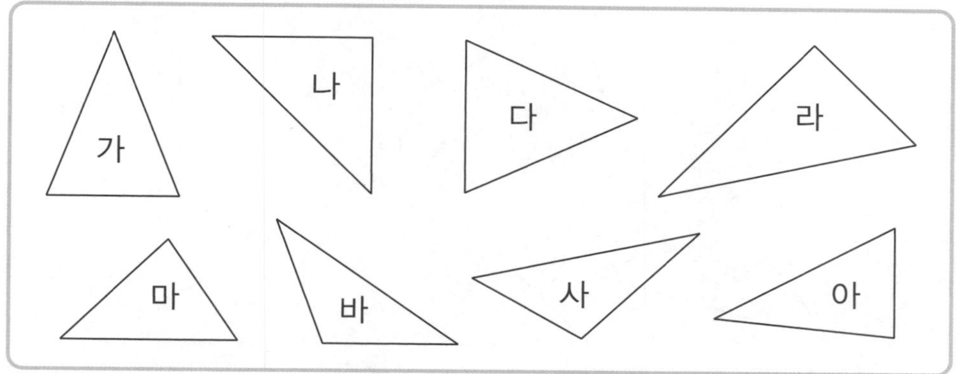

1 변의 길이에 따라 삼각형을 분류해 보세요.

이등변삼각형	
세 변의 길이가 모두 다른 삼각형	

2 각의 크기에 따라 삼각형을 분류해 보세요.

예각삼각형	직각삼각형	둔각삼각형

3 변의 길이와 각의 크기에 따라 삼각형을 분류해 보세요.

	예각삼각형	직각삼각형	둔각삼각형
이등변삼각형			
세 변의 길이가 모두 다른 삼각형			

★ 삼각형을 분류하여 기호를 써 보세요.

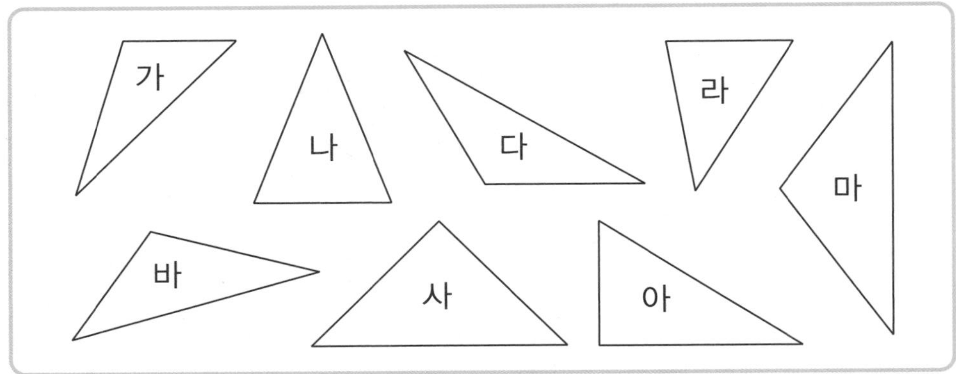

4 변의 길이에 따라 삼각형을 분류해 보세요.

이등변삼각형	
세 변의 길이가 모두 다른 삼각형	

5 각의 크기에 따라 삼각형을 분류해 보세요.

예각삼각형	직각삼각형	둔각삼각형

6 변의 길이와 각의 크기에 따라 삼각형을 분류해 보세요.

	예각삼각형	직각삼각형	둔각삼각형
이등변삼각형			
세 변의 길이가 모두 다른 삼각형			

이름 :
날짜 :
시간 : : ~ :

수직 알아보기

직각인 곳 찾기 ①

1 두 직선이 만나서 이루는 각이 직각인 곳을 모두 찾아 ⊾로 표시해 보세요.

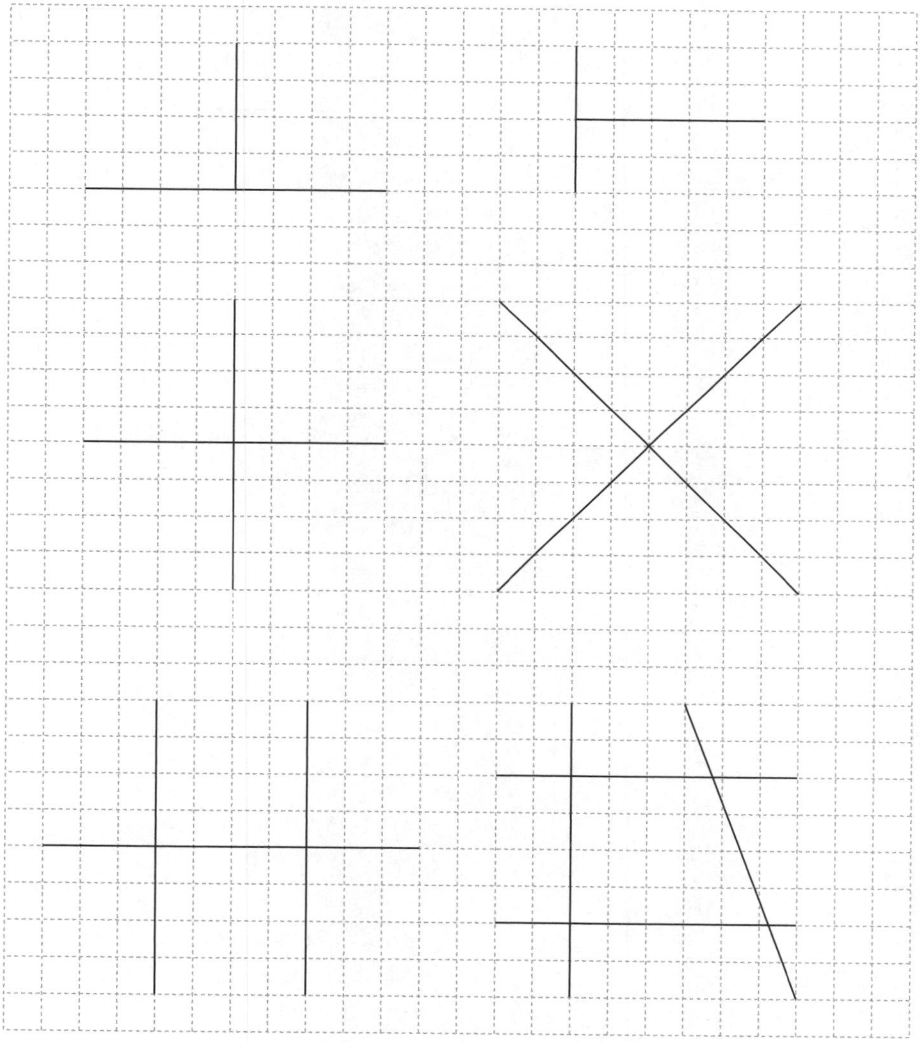

자르는 선

★ 두 직선이 만나서 이루는 각이 직각인 곳을 모두 찾아 ∟로 표시해 보세요.

2

3

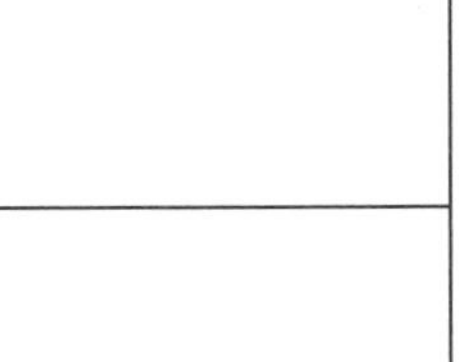

4

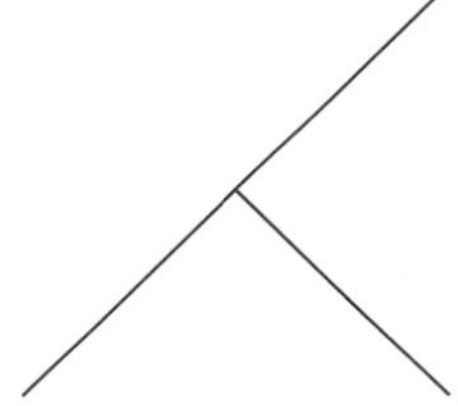

5

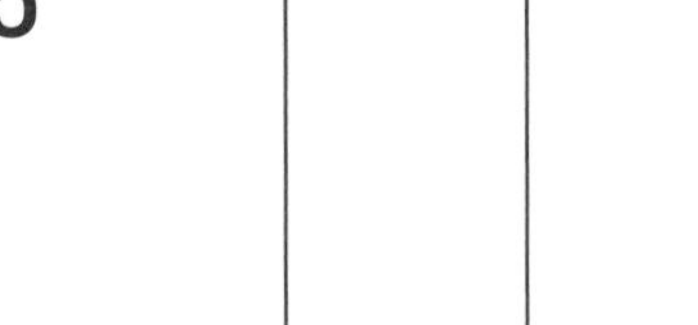

6

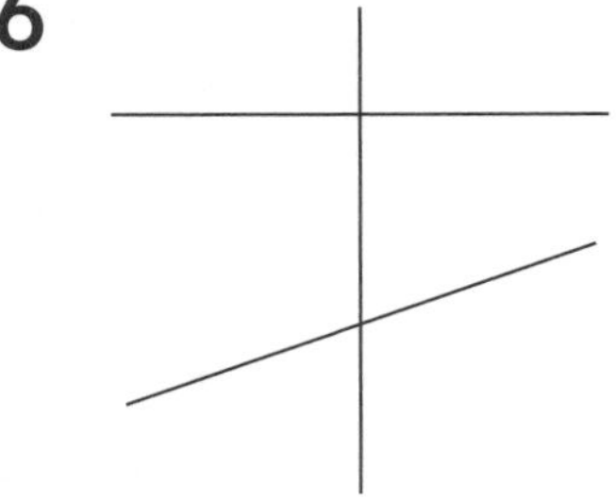

7

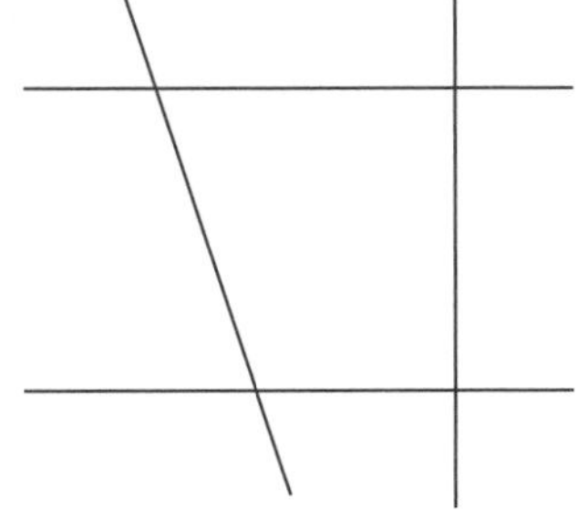

수직 알아보기

이름 :
날짜 :
시간 : : ~ :

직각인 곳 찾기 ②

★ 도형에서 두 변이 만나서 이루는 각이 직각인 곳을 모두 찾아 ⌞로 표시해 보세요.

1

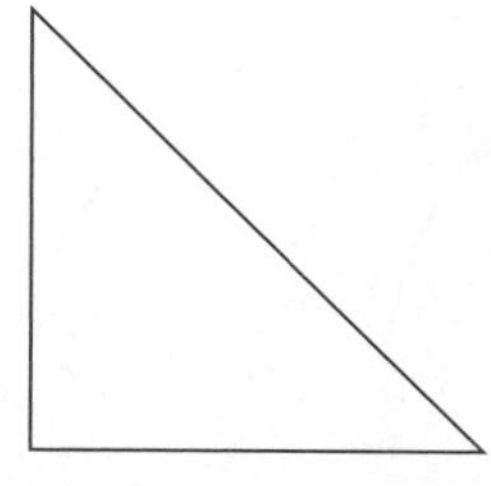

2

3

4

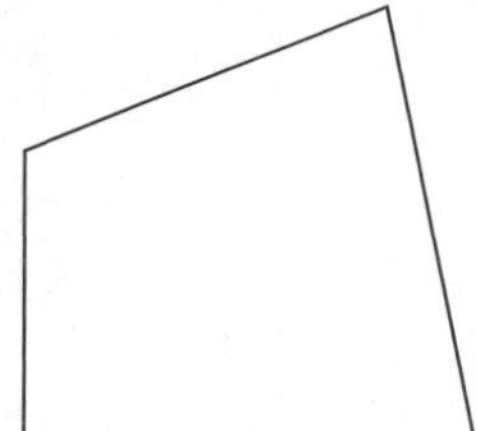

5

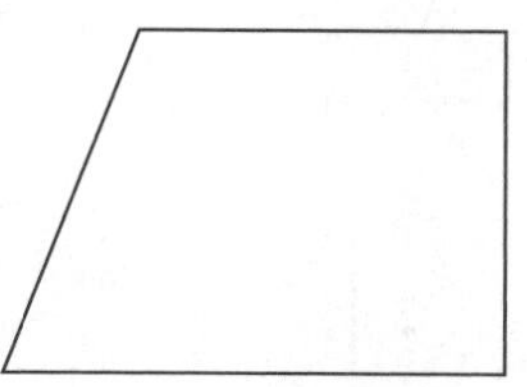

6

자르는 선

★ 도형에서 두 변이 만나서 이루는 각이 직각인 곳을 모두 찾아 ⌞로 표시해 보세요.

7

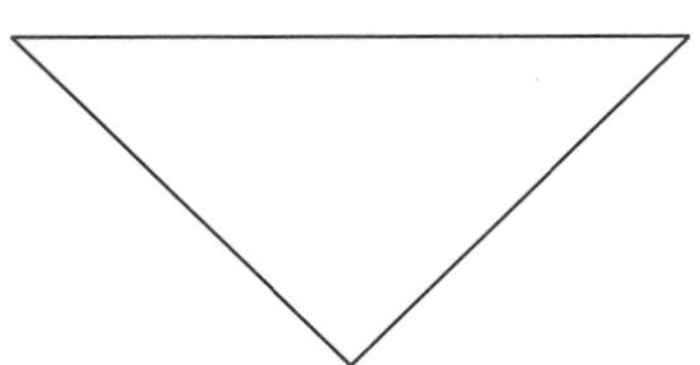

8

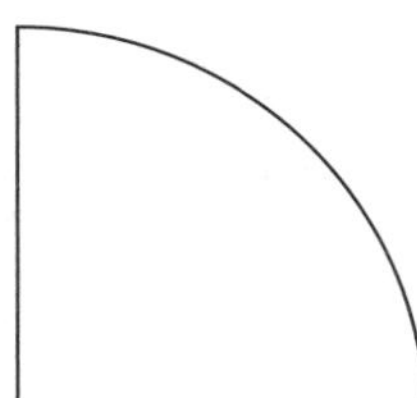

9

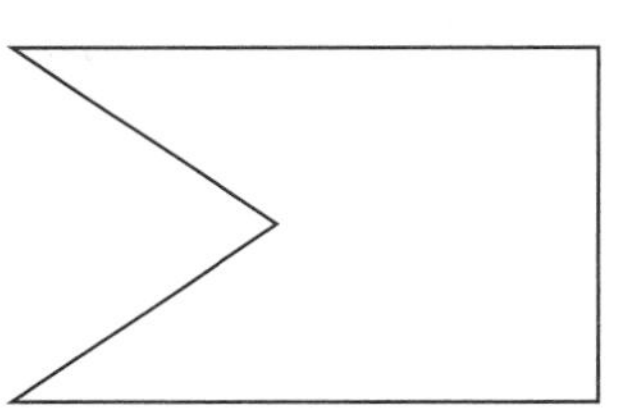

10

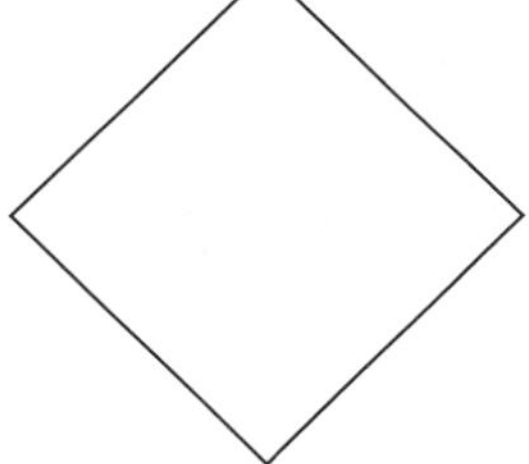

11

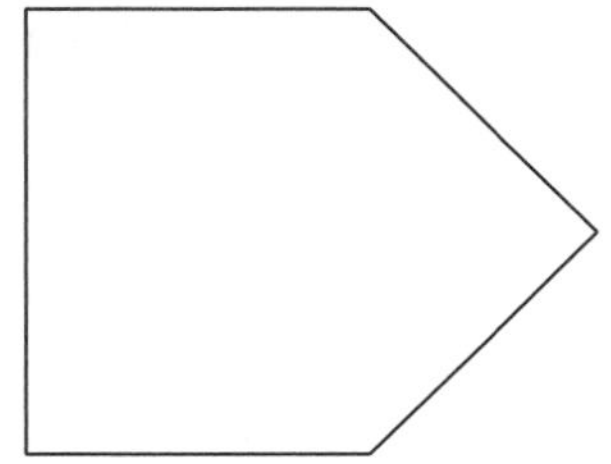

12

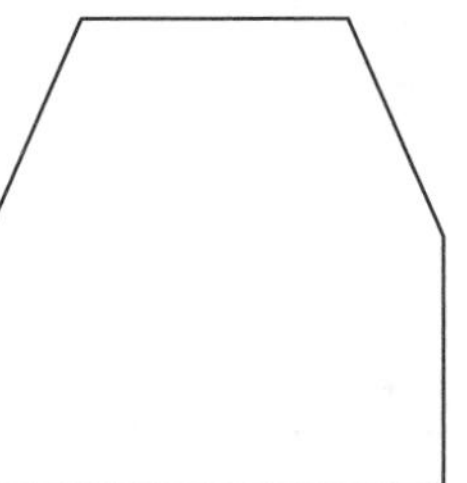

수직 알아보기

이름 :
날짜 :
시간 : : ~ :

수직인 변이 있는 도형 찾기

★ 서로 수직인 변이 있는 도형을 모두 찾아 기호를 쓰세요.

1

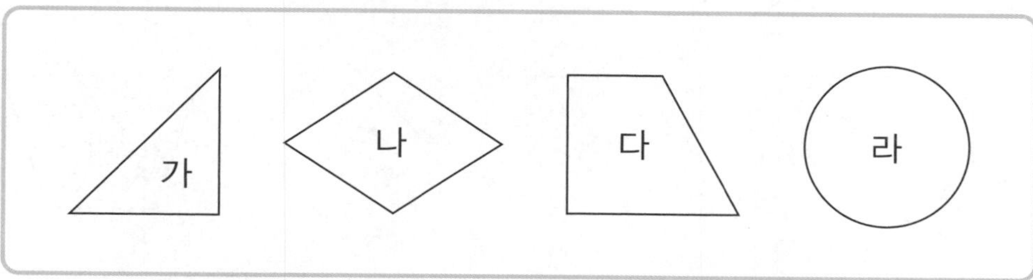

( )

두 직선이 만나서 이루는 각이 직각일 때, 두 직선은 서로 수직이라고 합니다.

2

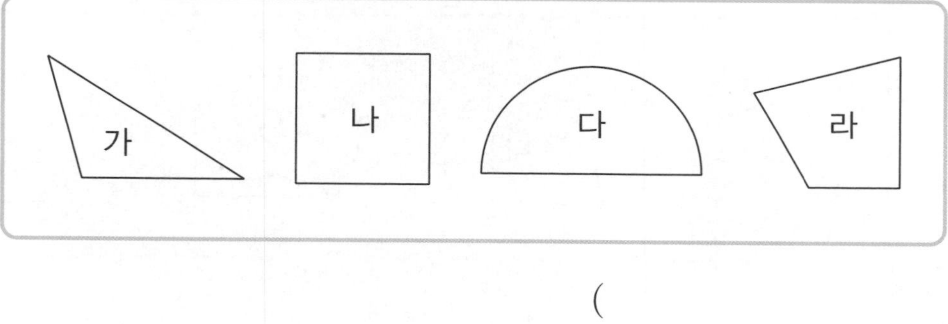

( )

3

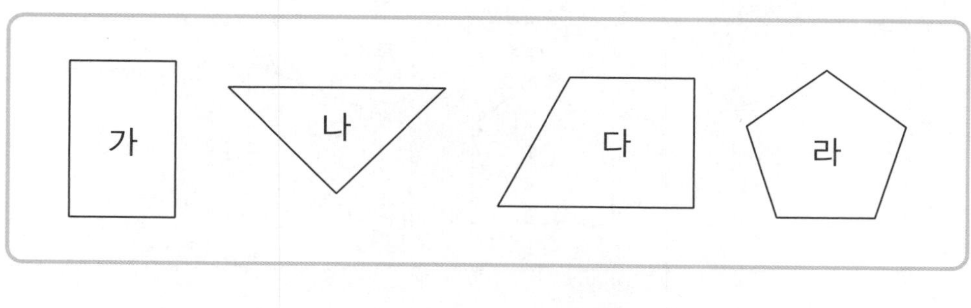

( )

★ 서로 수직인 변이 있는 도형을 모두 찾아 기호를 쓰세요.

4

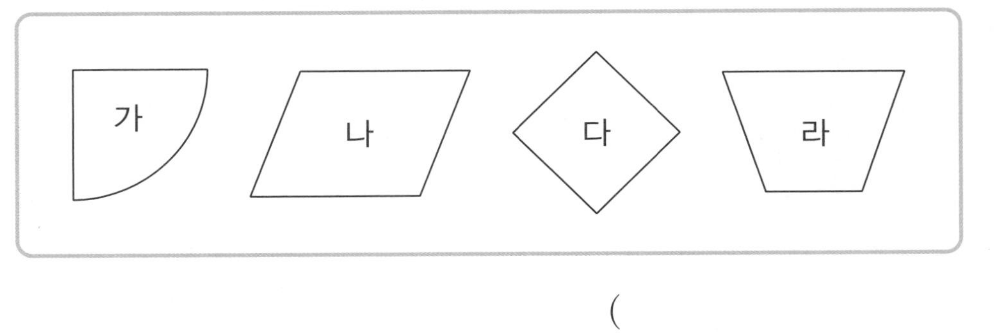

( )

5

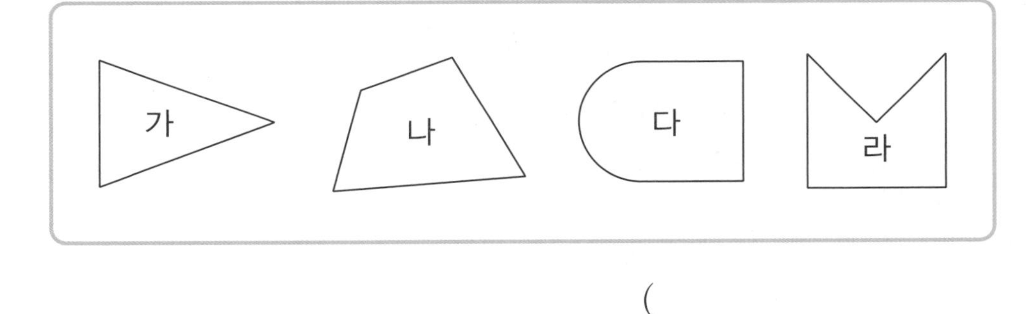

( )

6

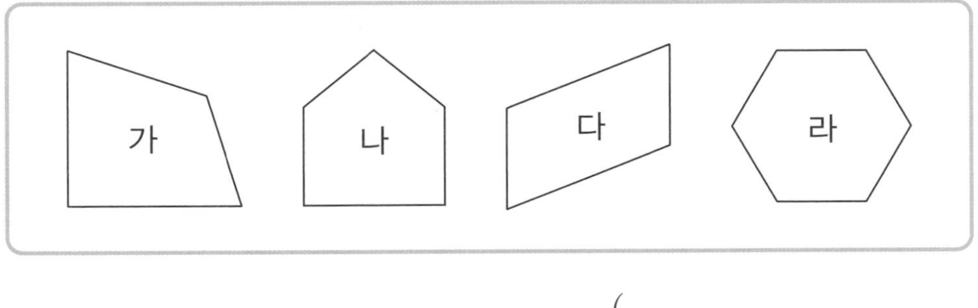

( )

수직 알아보기

이름 :
날짜 :
시간 : : ~ :

서로 수직인 직선 찾기

★ 서로 수직인 직선을 찾아 기호를 쓰세요.

1

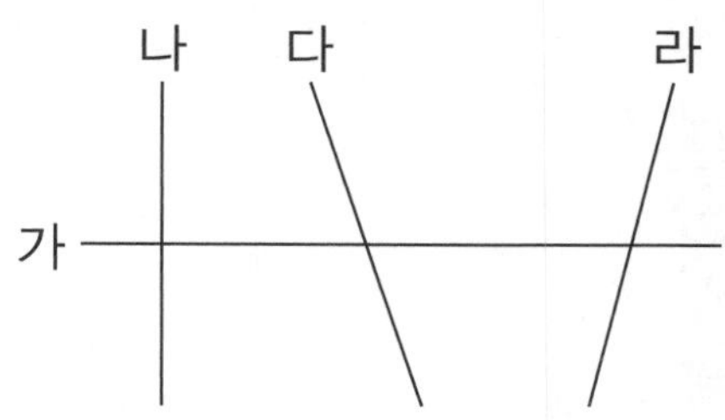

두 직선이 서로 수직으로 만나면, 한 직선을 다른 직선에 대한 수선이라고 합니다.

(   )

2

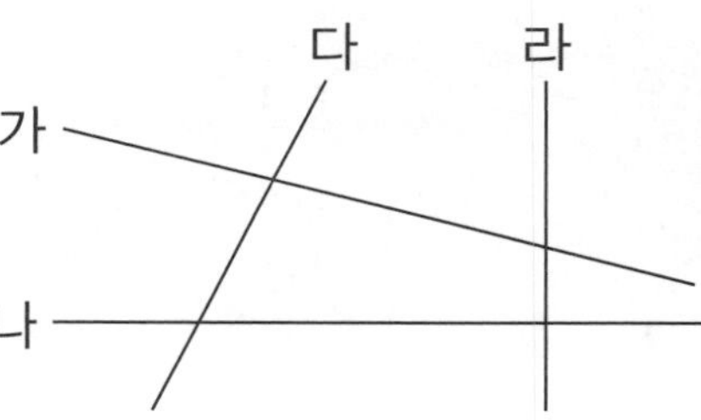

(   )

3

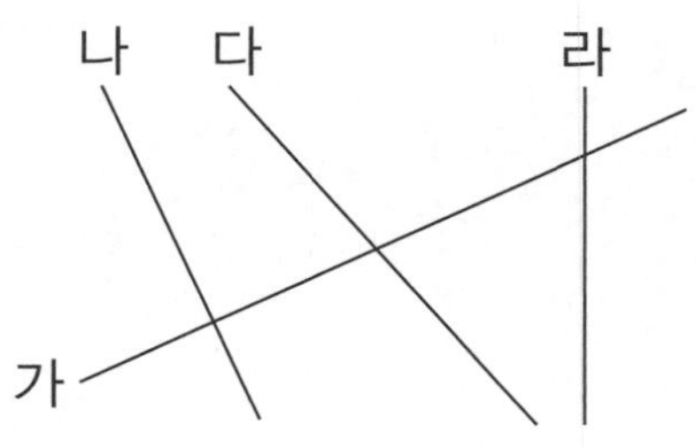

(   )

★ 서로 수직인 직선을 모두 찾아 기호를 쓰세요.

4

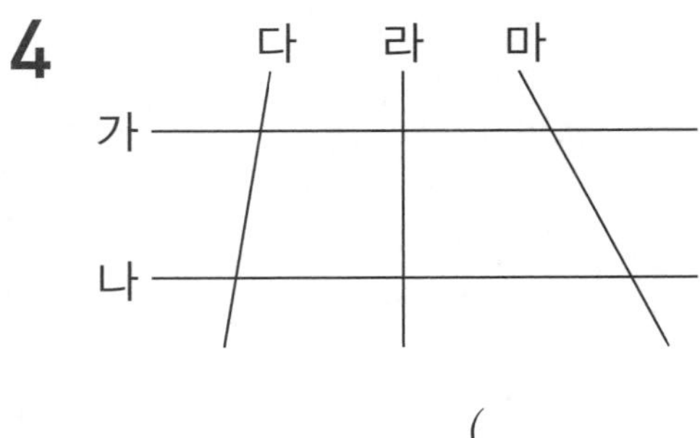

( )

5

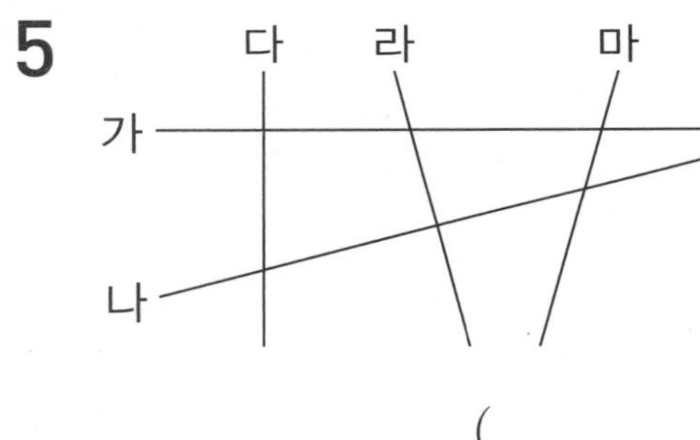

( )

6

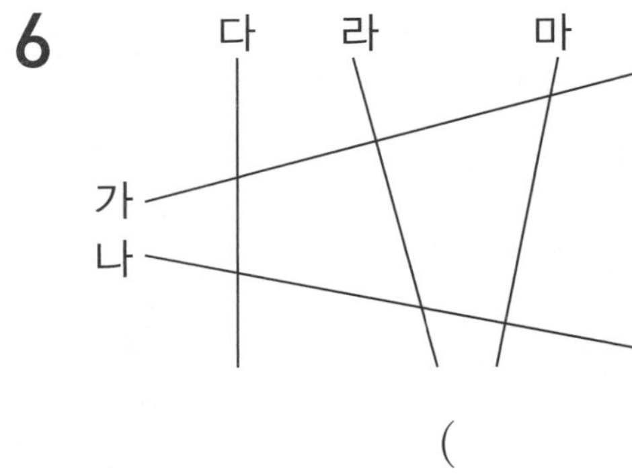

( )

이름 :
날짜 :
시간 : : ~ :

수직 알아보기

도형에서 수선 찾기 ①

★ 도형에서 변 ㄴㄷ에 대한 수선은 모두 몇 개인지 쓰세요.

1

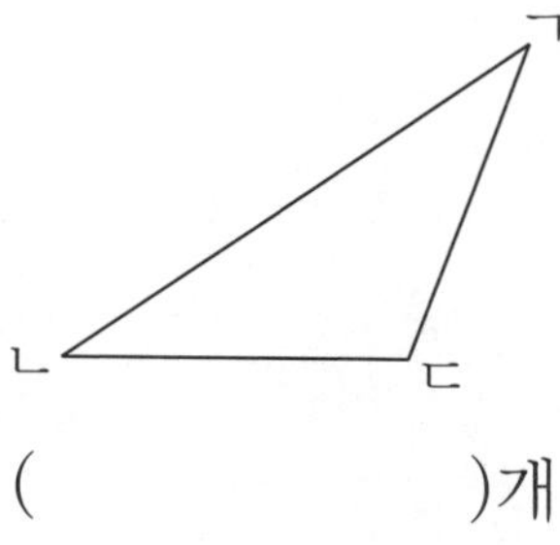

( )개

2

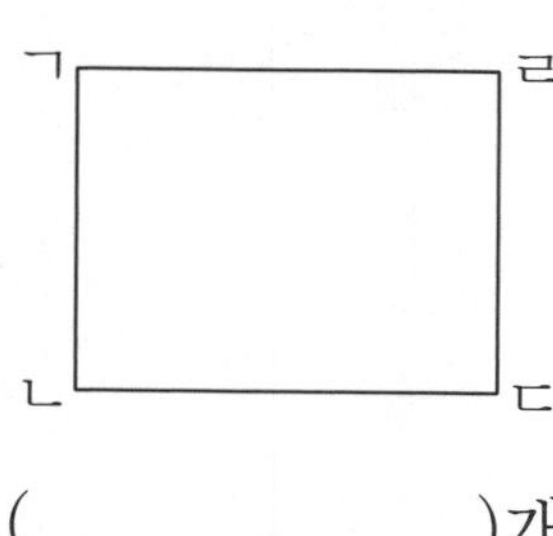

( )개

3

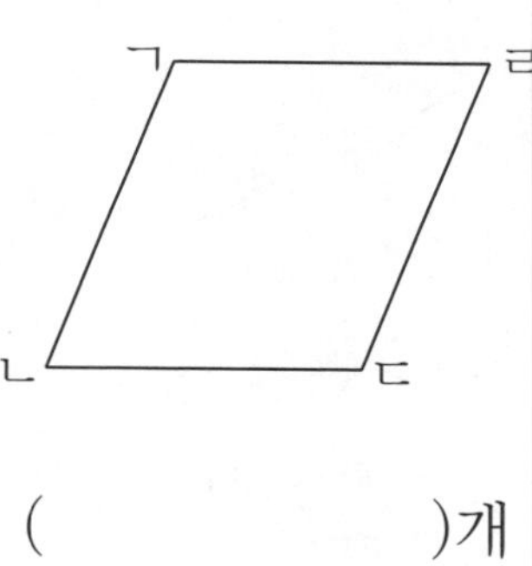

( )개

4

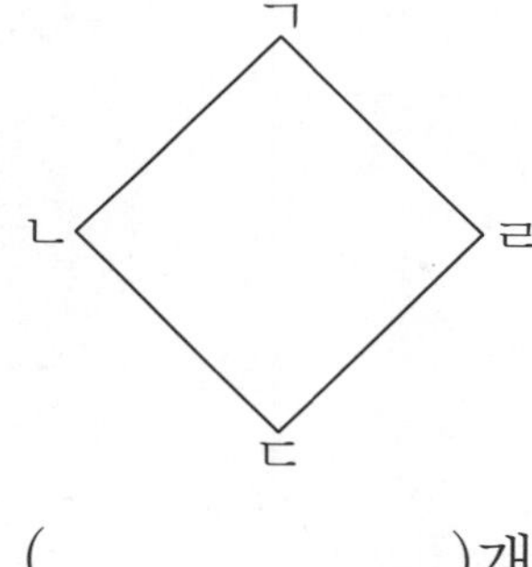

( )개

5

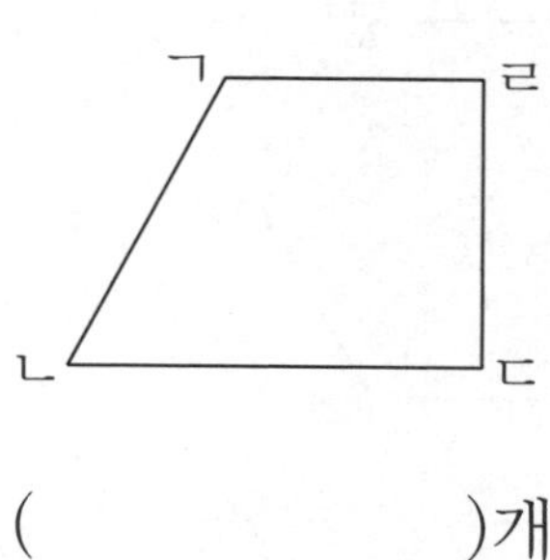

( )개

6

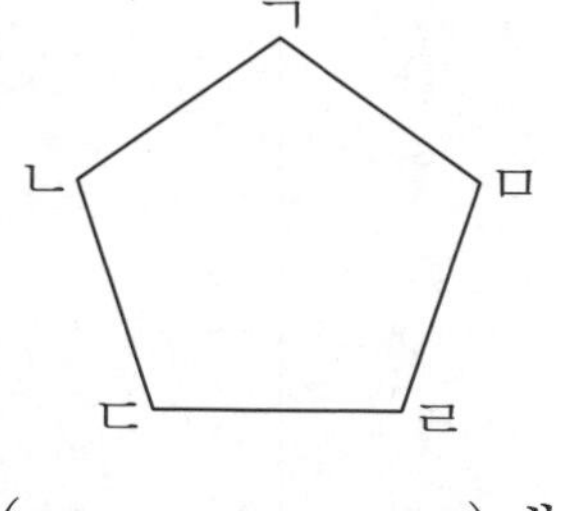

( )개

★ 도형에서 변 ㄴㄷ에 대한 수선은 모두 몇 개인지 쓰세요.

7

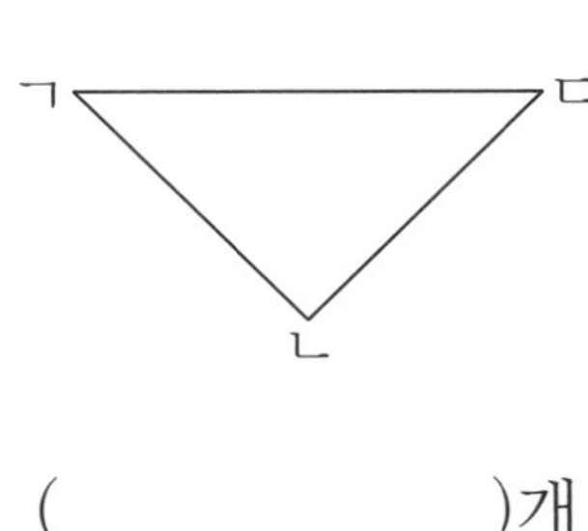

(　　　　　　　)개

8

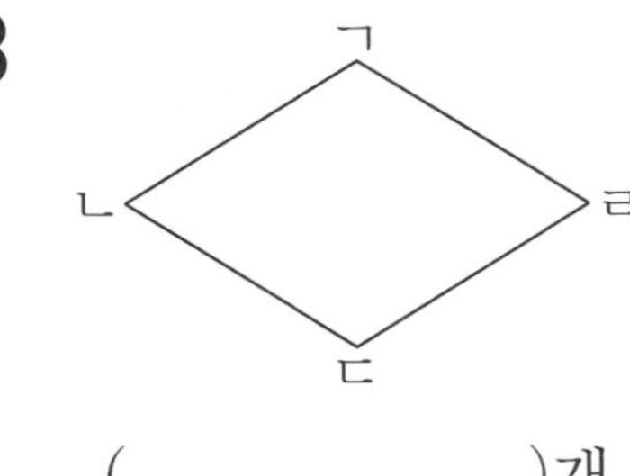

(　　　　　　　)개

9

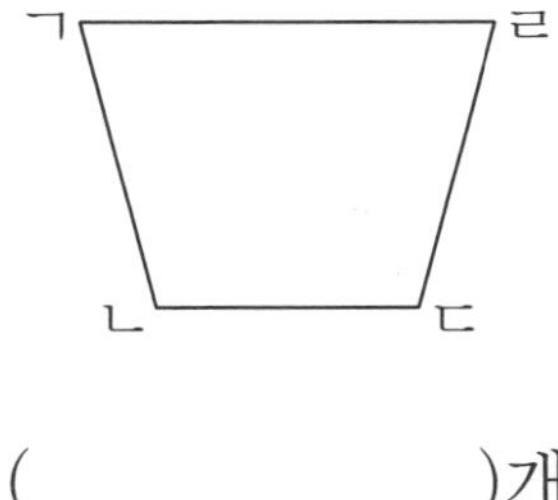

(　　　　　　　)개

10

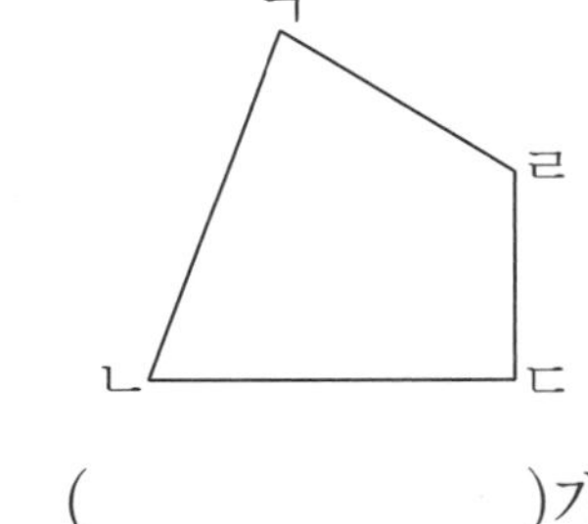

(　　　　　　　)개

11

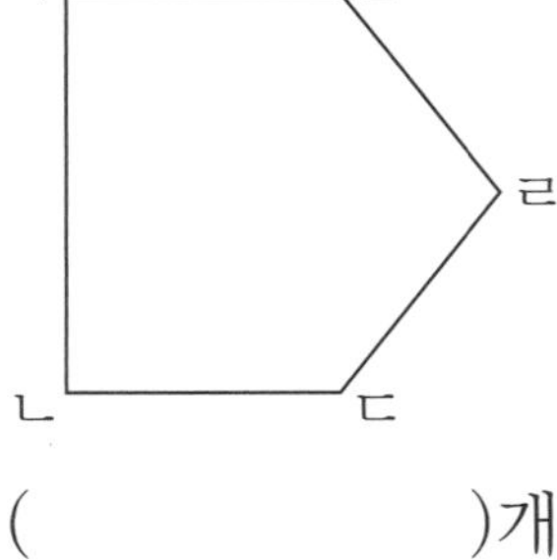

(　　　　　　　)개

12

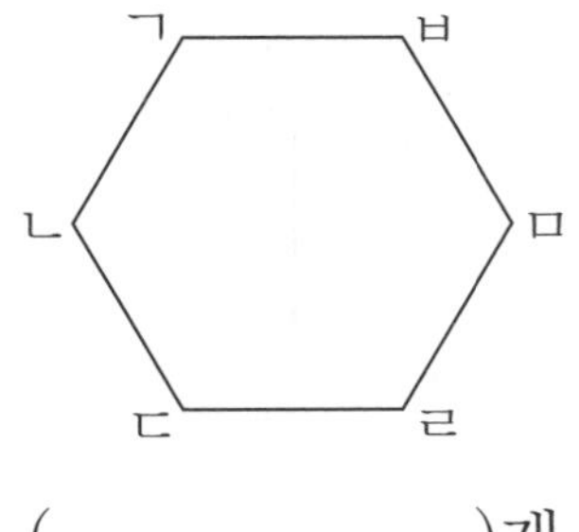

(　　　　　　　)개

26a 수직 알아보기

이름 :
날짜 :
시간 : : ~ :

도형에서 수선 찾기 ②

★ 도형에서 선분 ㄴㄷ에 대한 수선을 찾아 쓰세요.

1

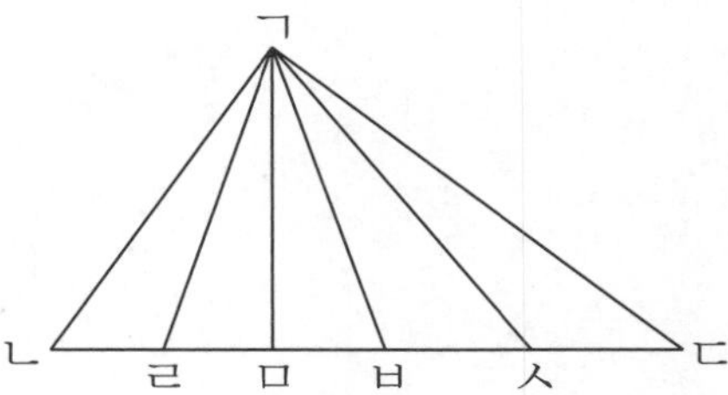

( )

2

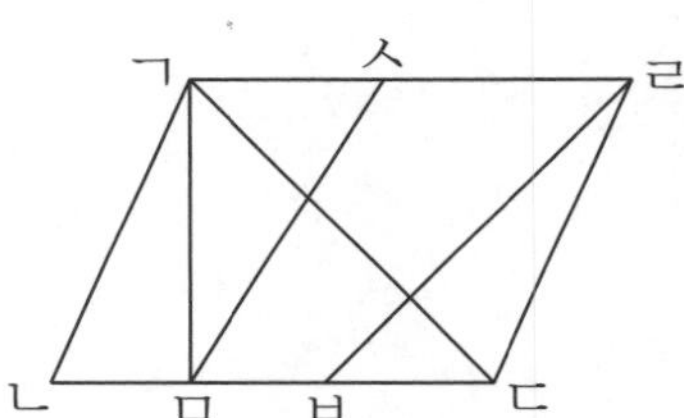

( )

3

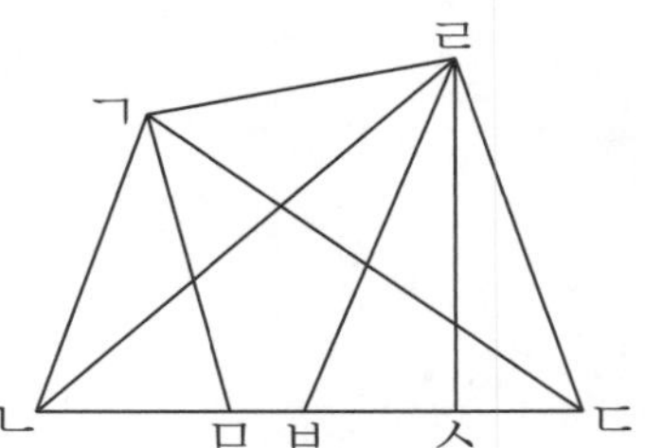

( )

★ 도형에서 선분 ㄴㄷ에 대한 수선을 모두 찾아 쓰세요.

4

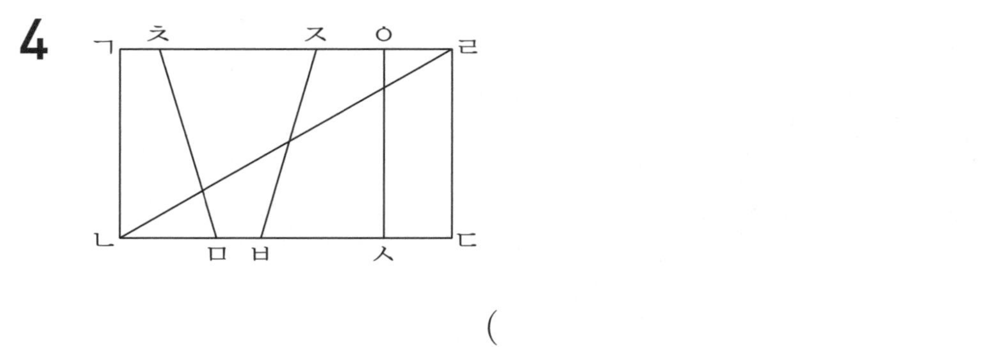

( )

5

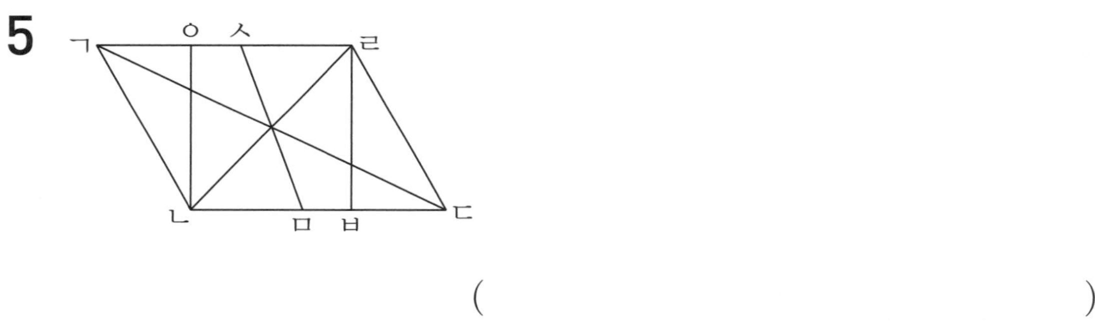

( )

6

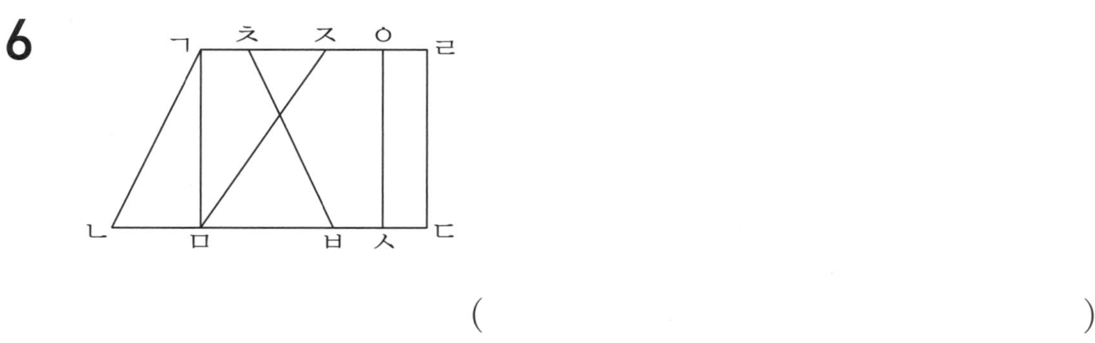

( )

수선 긋기

이름 :
날짜 :
시간 : : ~ :

한 직선에 대한 수선 긋기 ①

1 모눈종이에 서로 수직인 선분을 2쌍 그어 보세요.

2 모눈종이에 주어진 선분에 대한 수선을 그어 보세요.

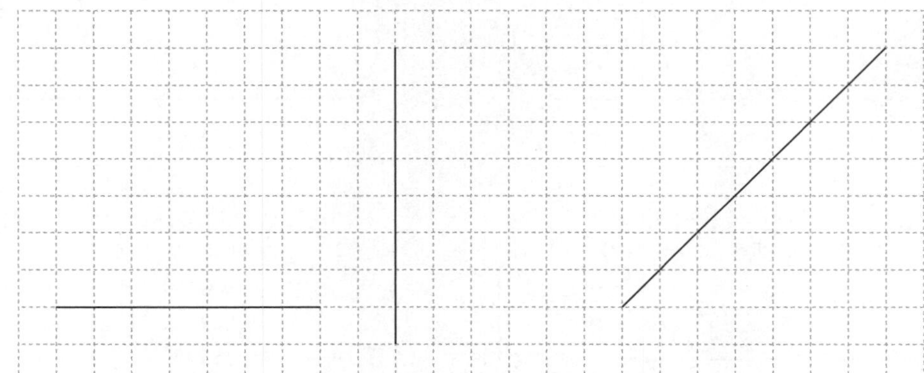

★ 각도기나 삼각자를 사용하여 주어진 직선에 대한 수선을 그어 보세요.

3

4

5

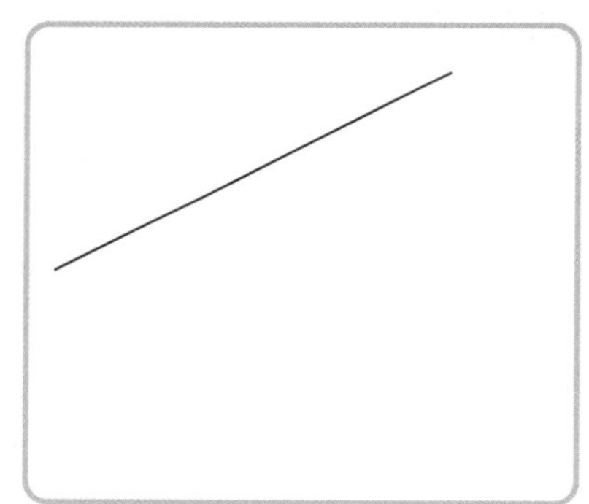

28a

수선 긋기

한 직선에 대한 수선 긋기 ②

★ 각도기를 사용하여 직선 가에 수직인 직선을 그어 보세요.

1

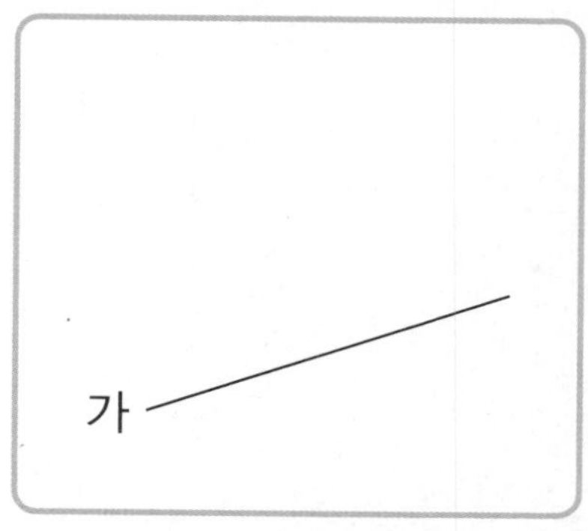

2

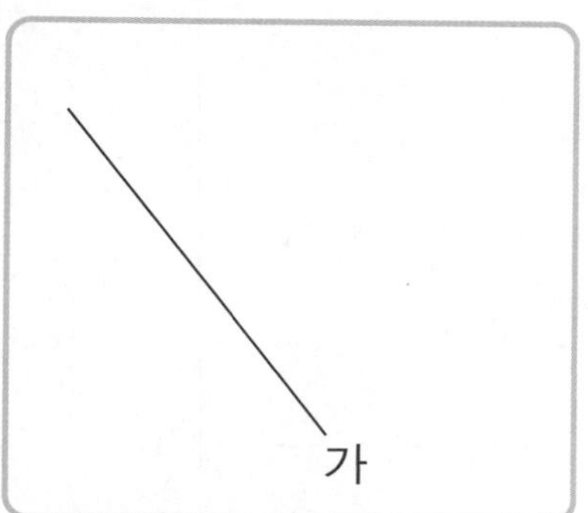

★ 삼각자를 사용하여 직선 가에 수직인 직선을 그어 보세요.

3

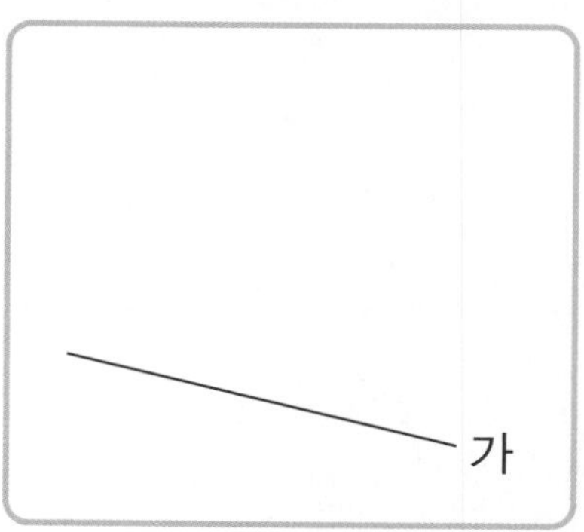

4

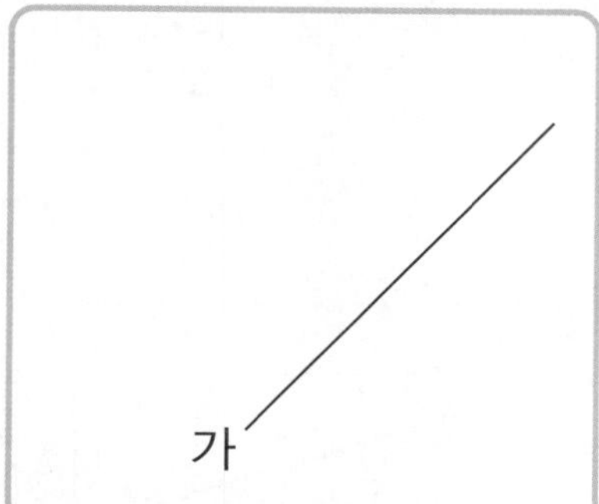

★ 점 ㄱ을 지나고 직선 가에 수직인 직선을 그어 보세요.

5
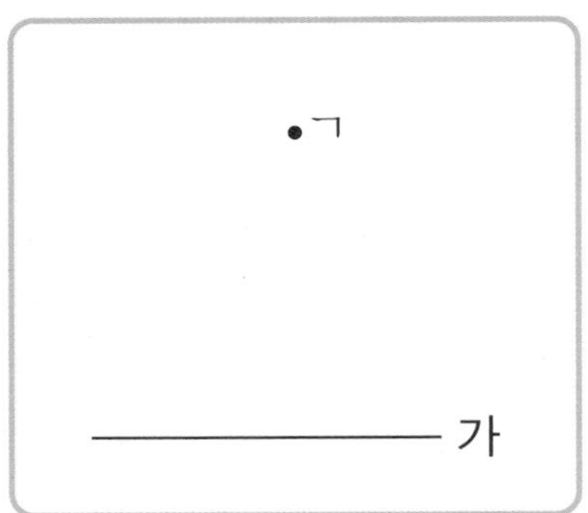

6
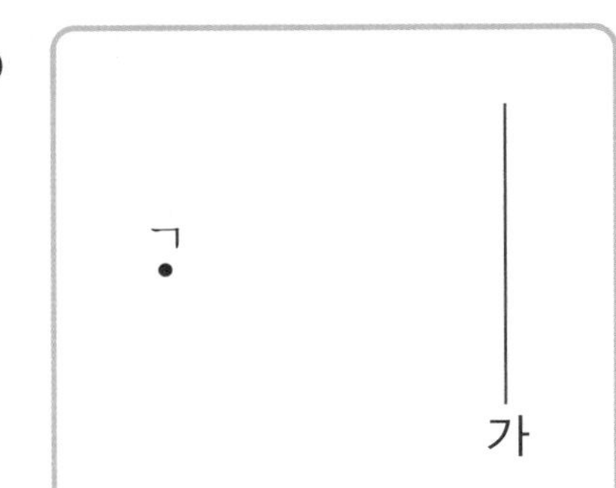

7
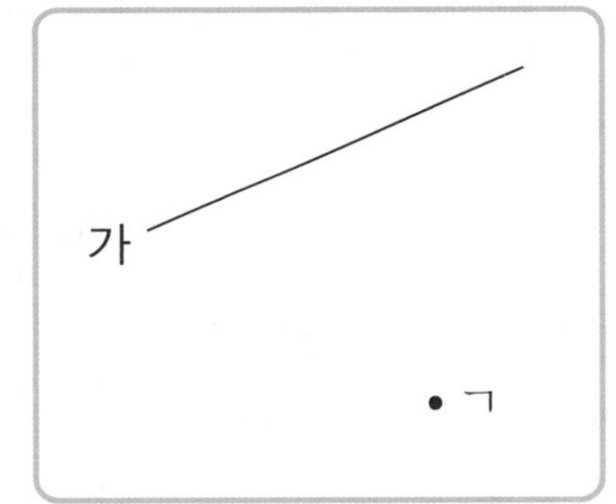

8
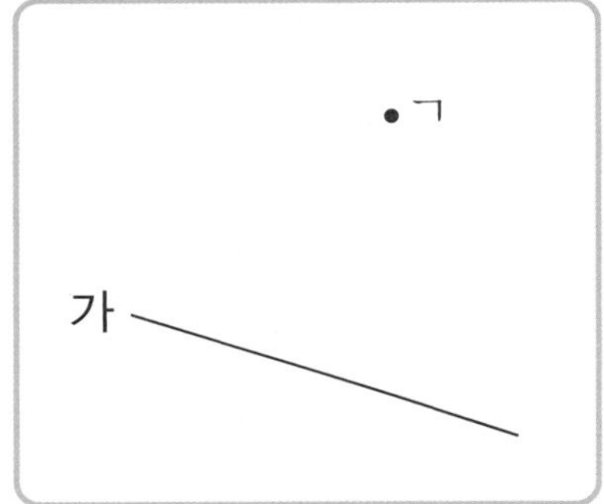

9
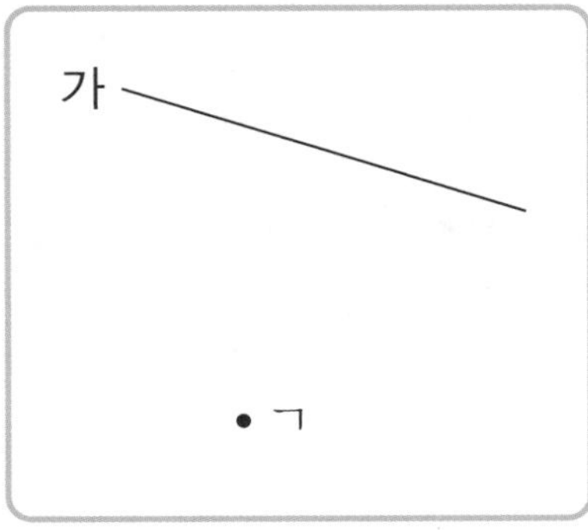

10
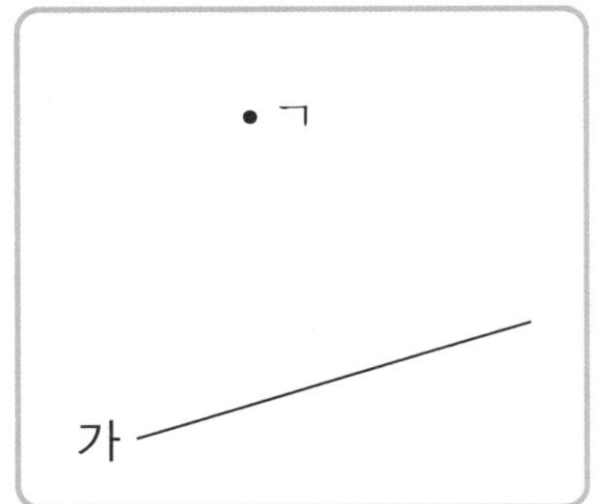

평행 알아보기

이름 :
날짜 :
시간 : : ~ :

평행한 직선 찾기 ①

★ 그림에서 평행한 두 직선을 찾아 기호를 쓰세요.

한 직선에 수직인 두 직선을 그었을 때, 그 두 직선은 서로 만나지 않습니다. 이와 같이 서로 만나지 않는 두 직선을 평행하다고 합니다.

1

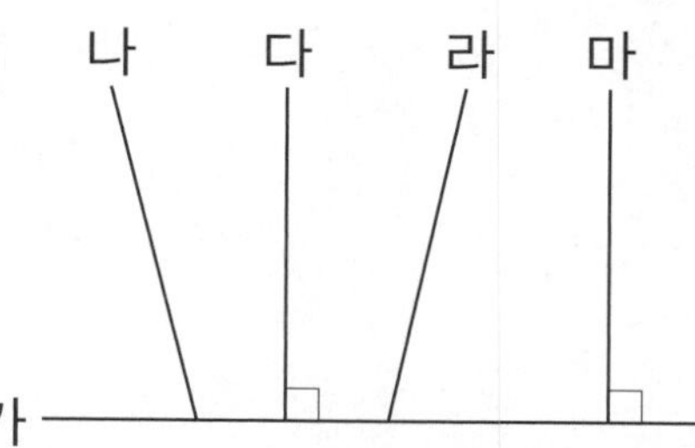

( )

2

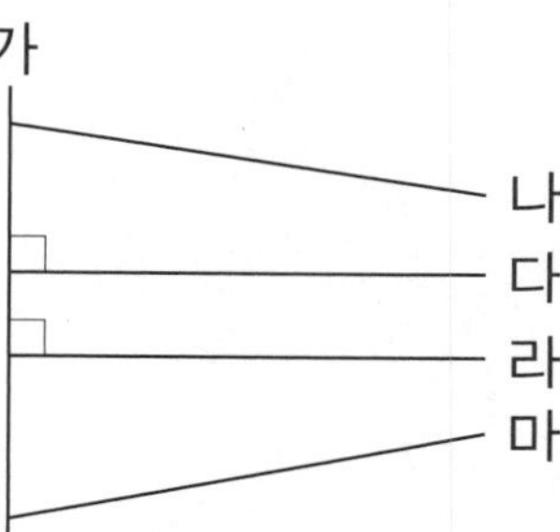

( )

3

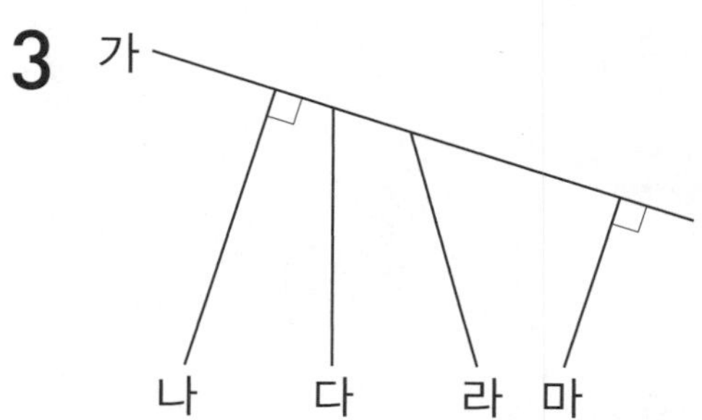

( )

★ 그림에서 평행한 두 직선을 찾아 기호를 쓰세요.

4

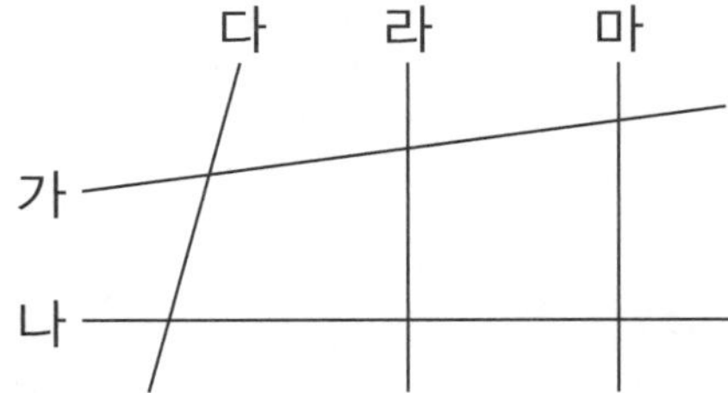

(　　　　　　　　　　)

5

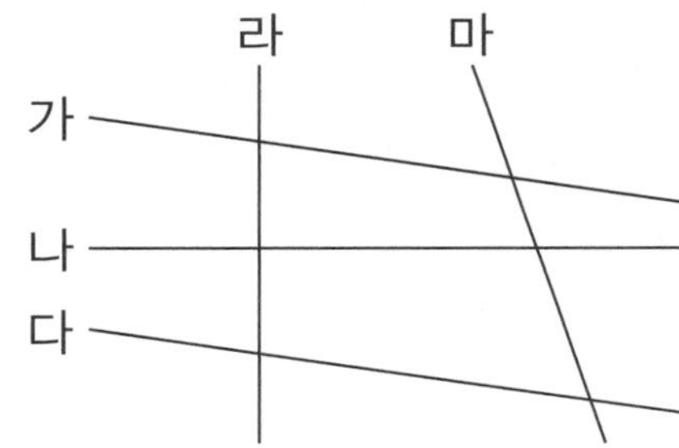

(　　　　　　　　　　)

6

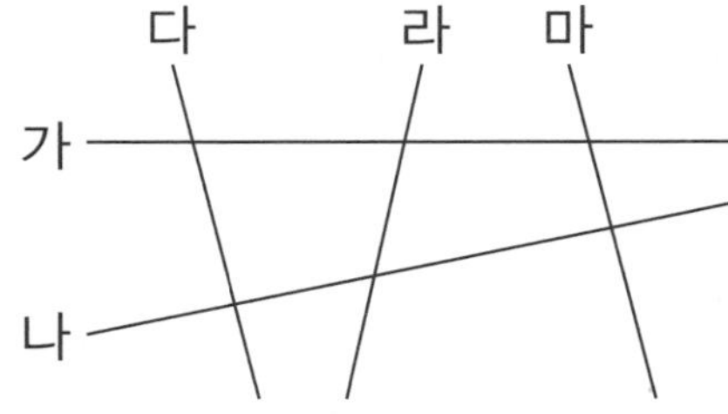

(　　　　　　　　　　)

평행 알아보기

이름 :
날짜 :
시간 : : ~ :

평행한 직선 찾기 ②

★ 서로 평행한 변이 없는 도형을 찾아 기호를 쓰세요.

1

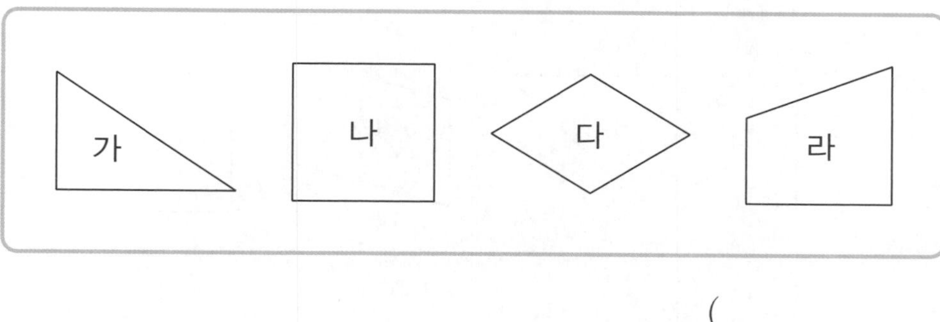

( )

2

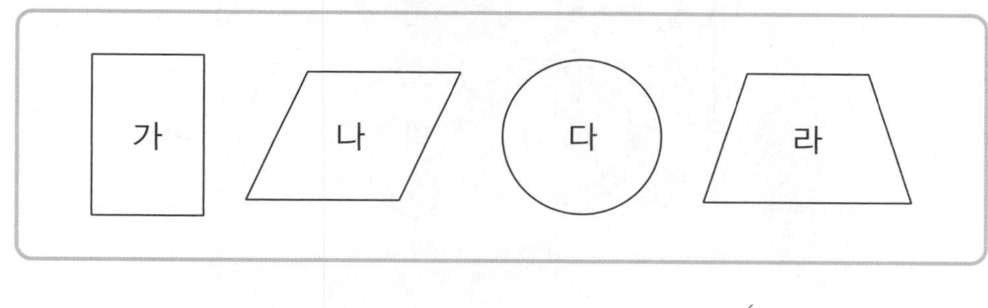

( )

3

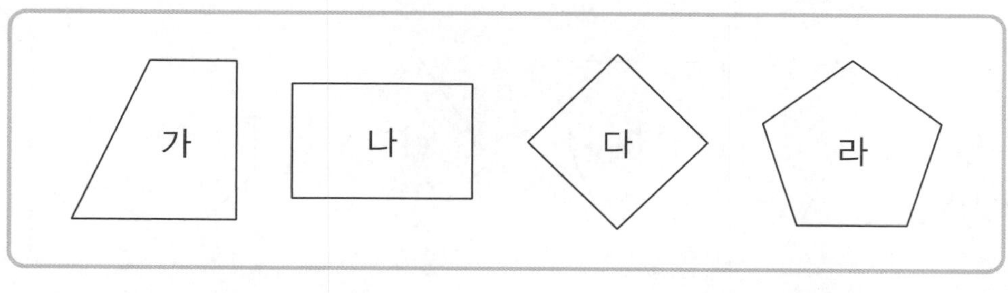

( )

★ 서로 평행한 변이 없는 도형을 찾아 기호를 쓰세요.

4

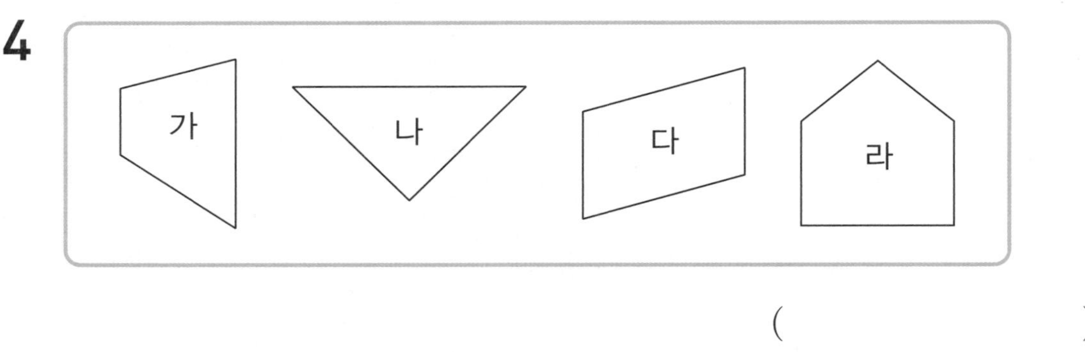

( )

5

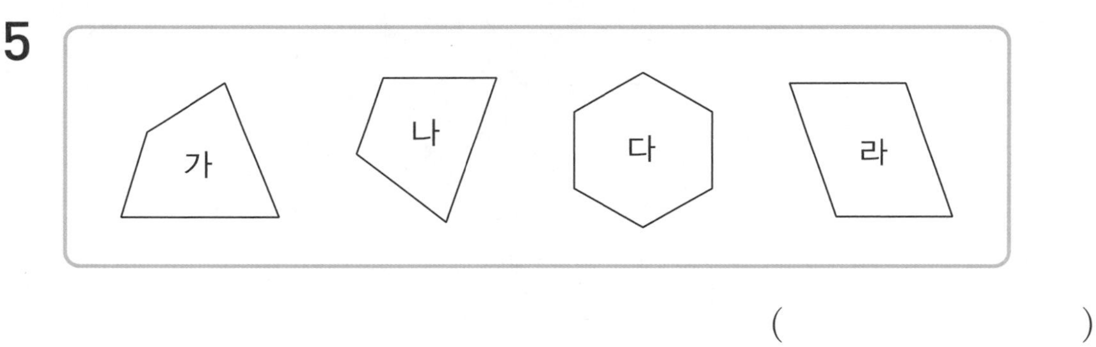

( )

6

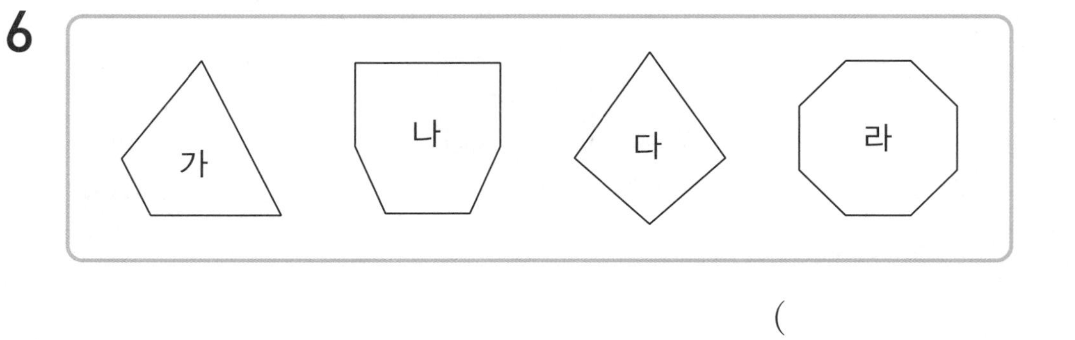

( )

평행 알아보기

이름 :
날짜 :
시간 : : ~ :

평행한 직선 찾기 ③

★ 그림에서 평행한 직선은 모두 몇 쌍인지 쓰세요.

1

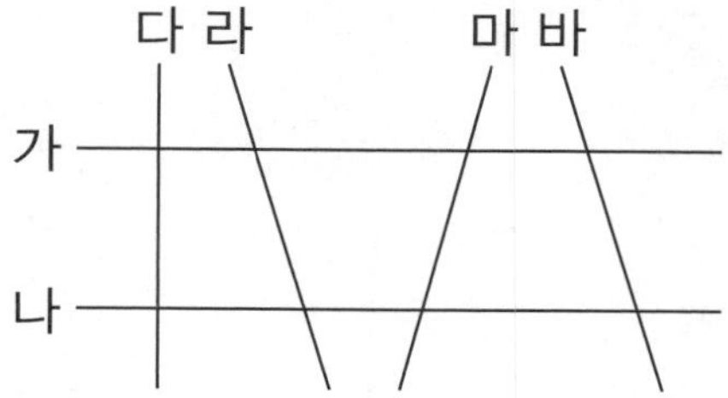

가, 나, 다, 라, 마, 바

( )쌍

2

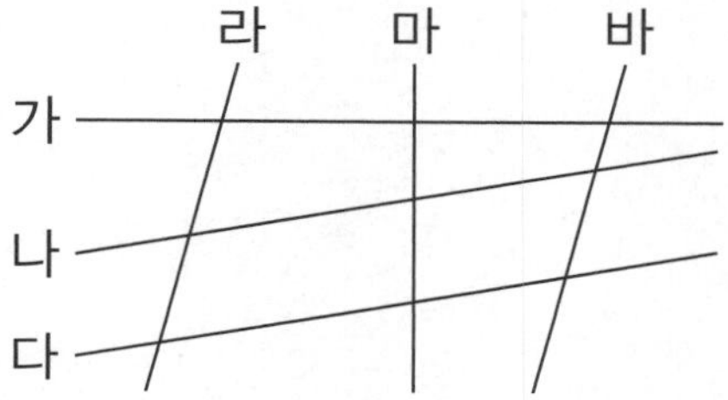

가, 나, 다, 라, 마, 바

( )쌍

3

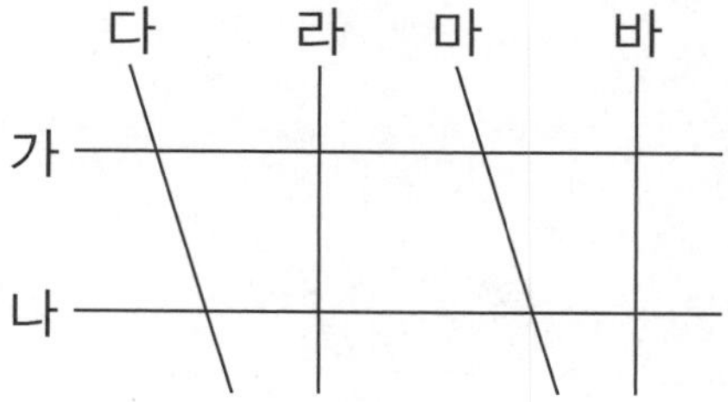

가, 나, 다, 라, 마, 바

( )쌍

자르는 선

★ 그림에서 평행한 직선은 모두 몇 쌍인지 쓰세요.

4

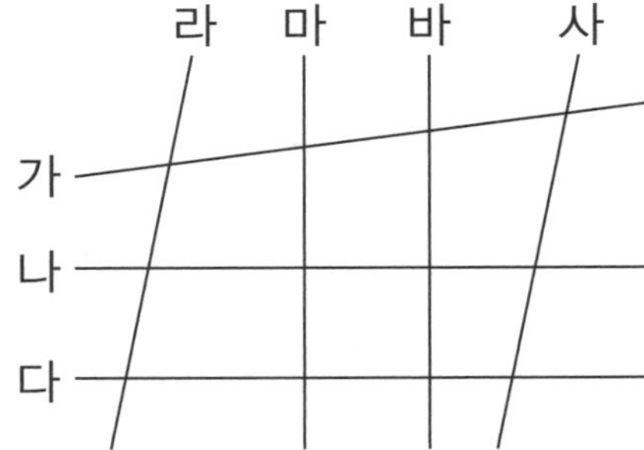

( )쌍

5

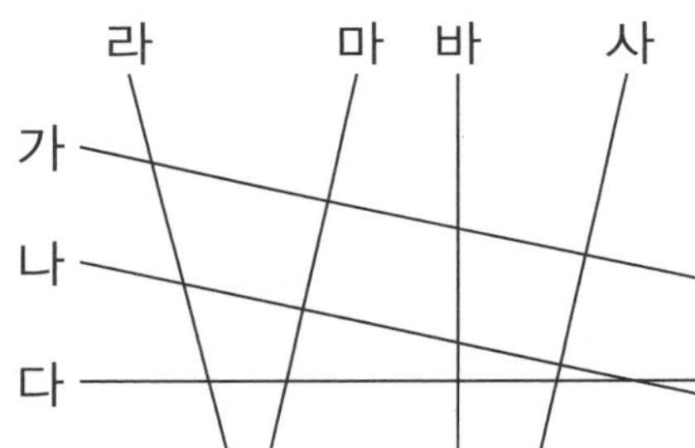

( )쌍

6

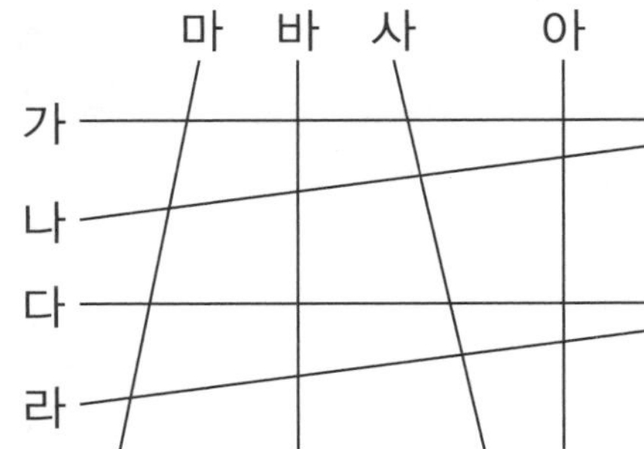

( )쌍

평행 알아보기

이름 :
날짜 :
시간 : : ~ :

평행한 직선 찾기 ④

★ 도형에서 서로 평행한 변을 모두 찾아 쓰세요.

1

ㄱ ㄹ
ㄴ ㄷ

( )

2

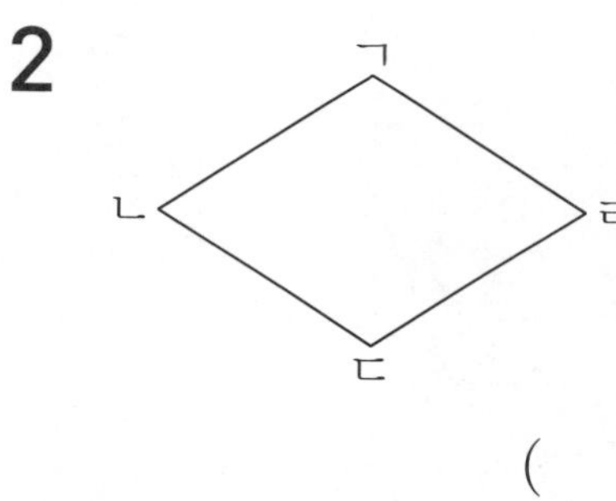

( )

3

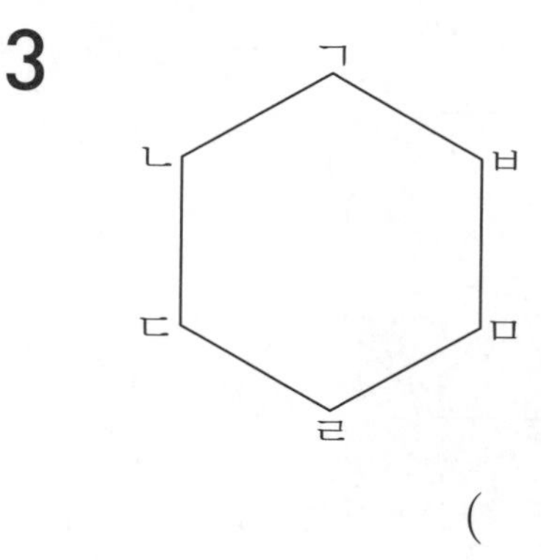

( )

★ 도형에서 서로 평행한 변은 모두 몇 쌍인지 쓰세요.

4

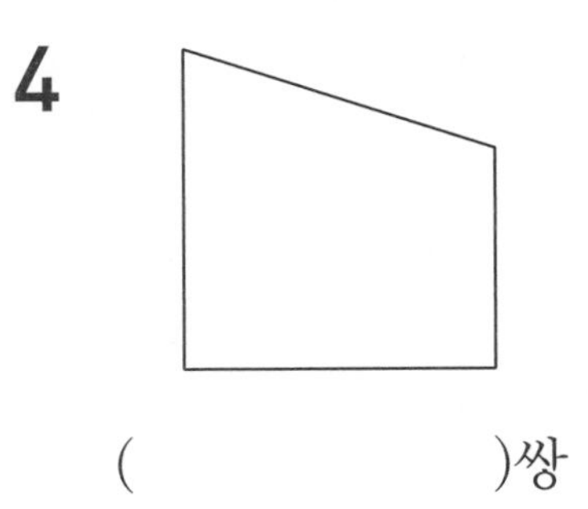

(　　　　　　　　)쌍

5

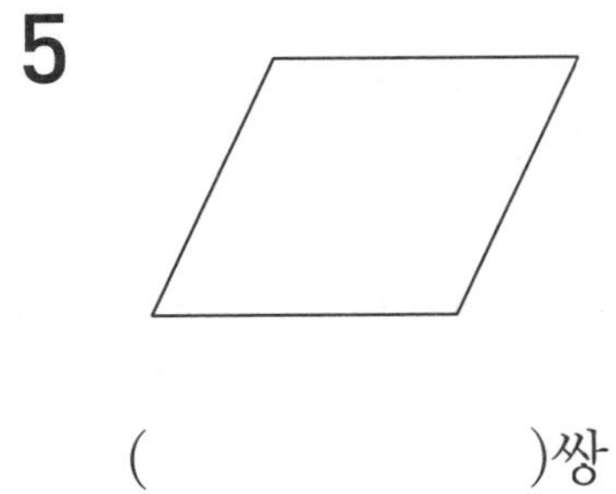

(　　　　　　　　)쌍

6

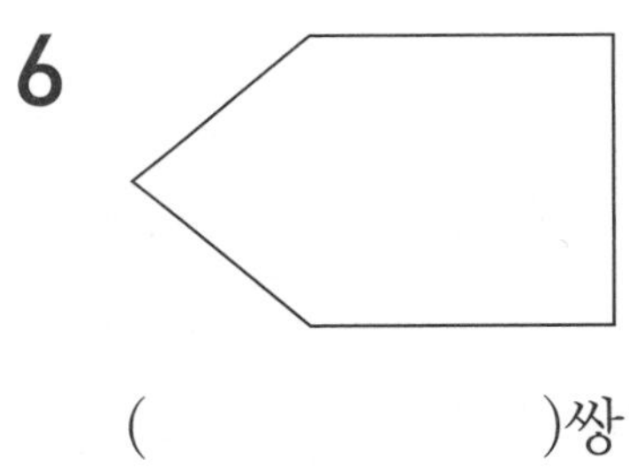

(　　　　　　　　)쌍

7

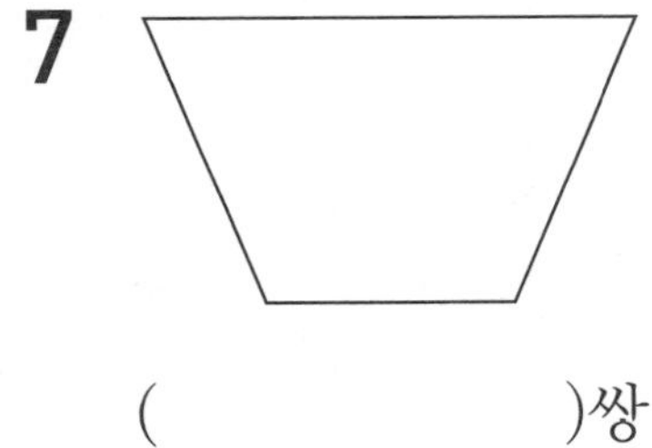

(　　　　　　　　)쌍

8

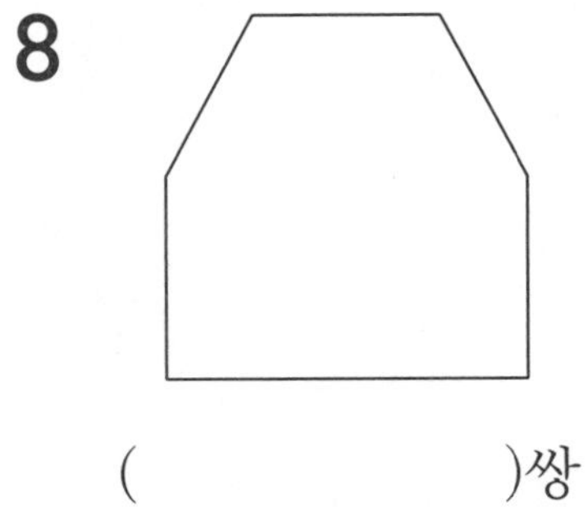

(　　　　　　　　)쌍

9

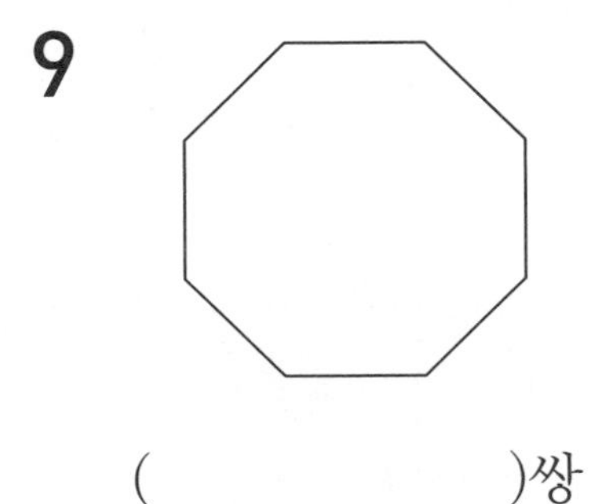

(　　　　　　　　)쌍

33a

평행선 긋기

이름 :
날짜 :
시간 : : ~ :

평행한 직선 긋기 ①

★ 삼각자를 사용하여 주어진 직선과 평행한 직선을 그어 보세요.

1

2

3

4

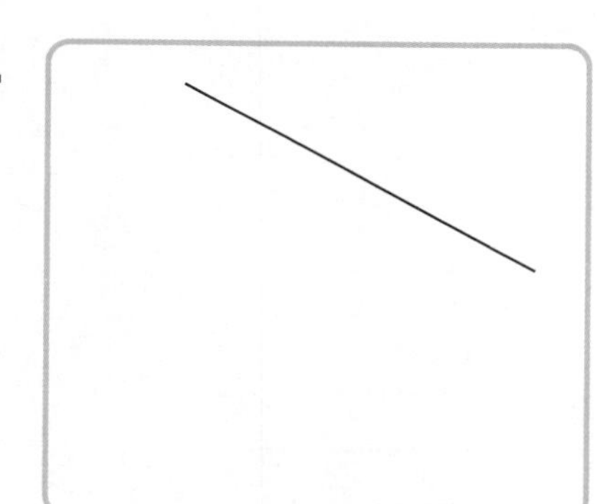

삼각자를 사용하여 주어진 직선과
평행한 직선 긋기

★ 삼각자를 사용하여 점 ㄱ을 지나고 직선 가와 평행한 직선을 그어 보세요.

5

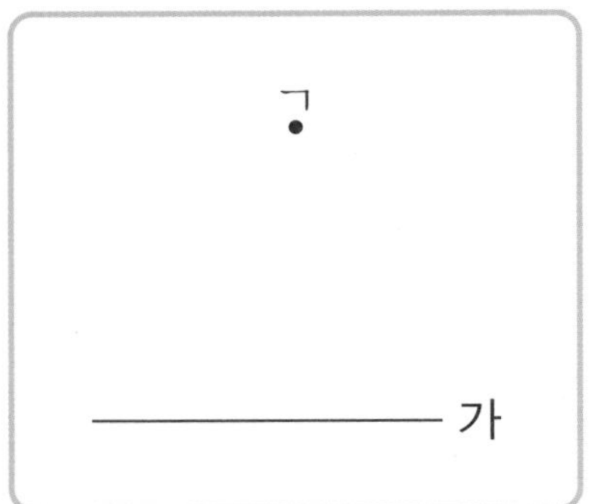

6

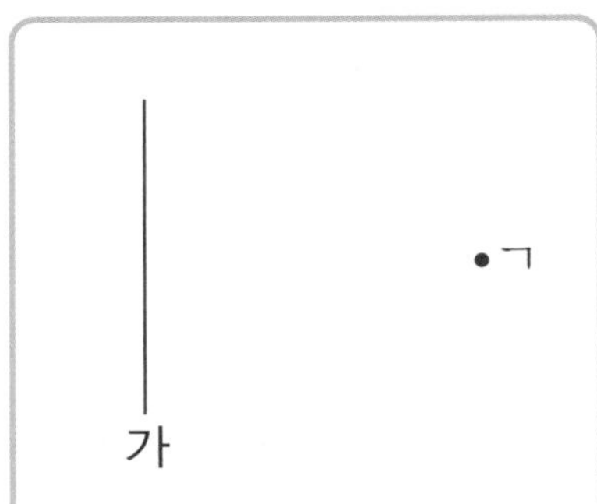

7

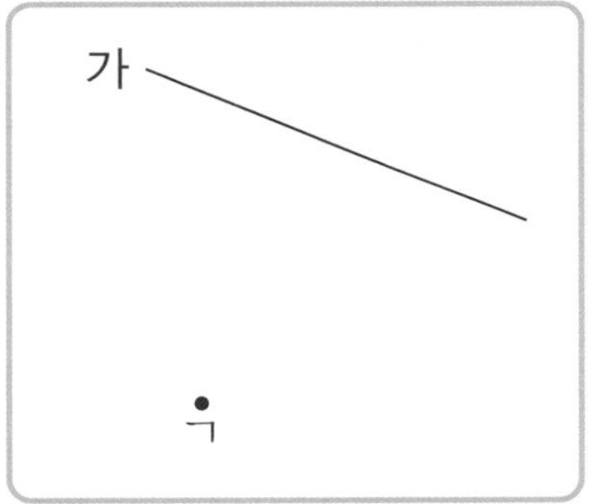

8

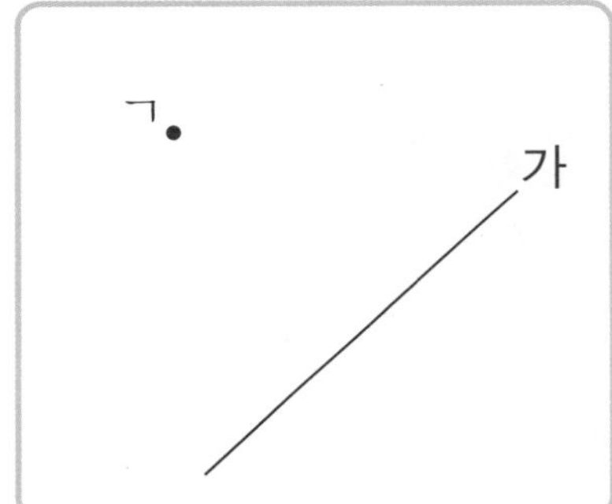

9

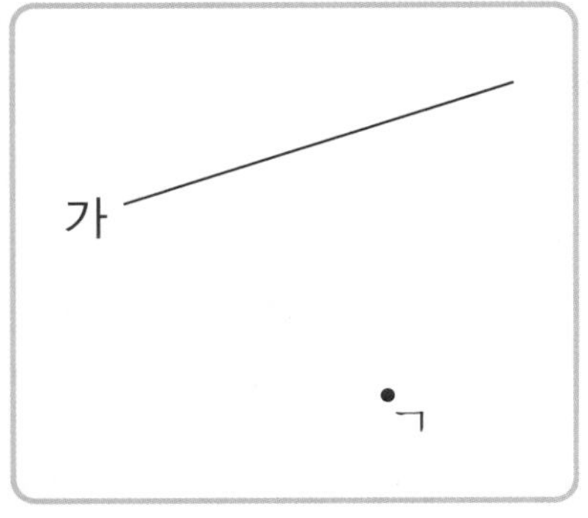

10

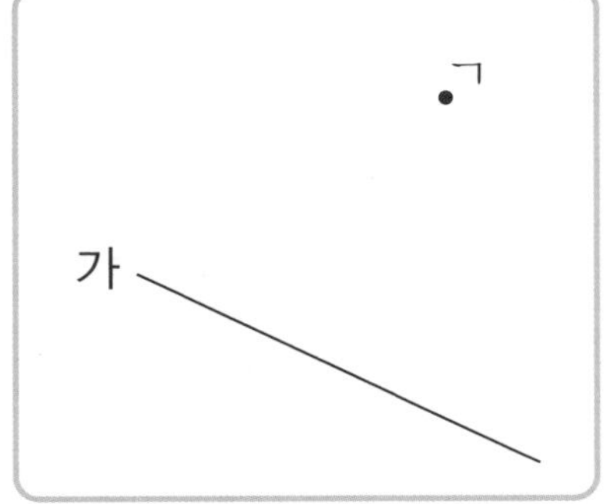

평행선 긋기

이름 :

날짜 :

시간 : : ~ :

평행한 직선 긋기 ②

★ 주어진 두 선분을 사용하여 평행선이 한 쌍인 사각형을 그려 보세요.

1

2

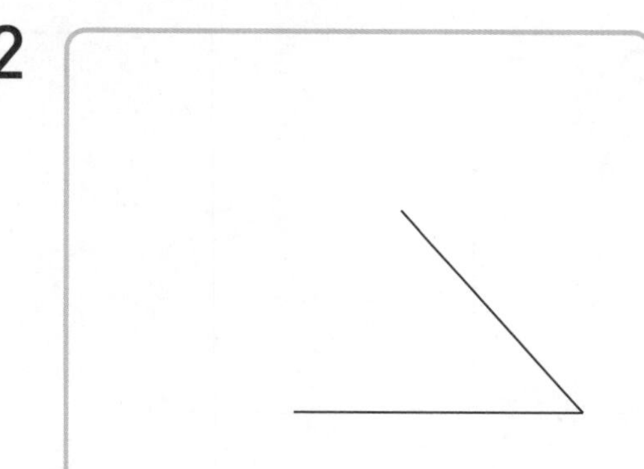

3

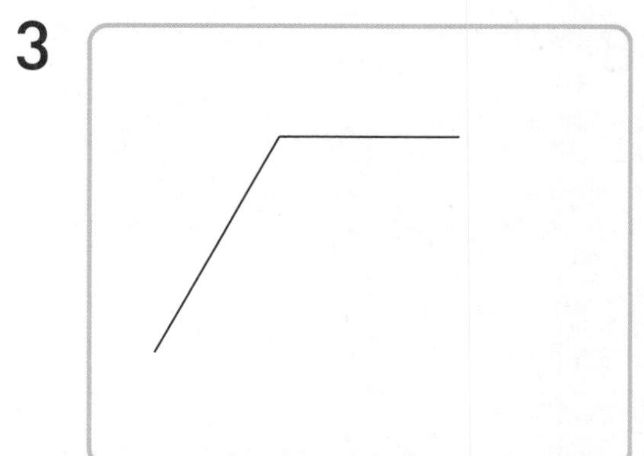

4

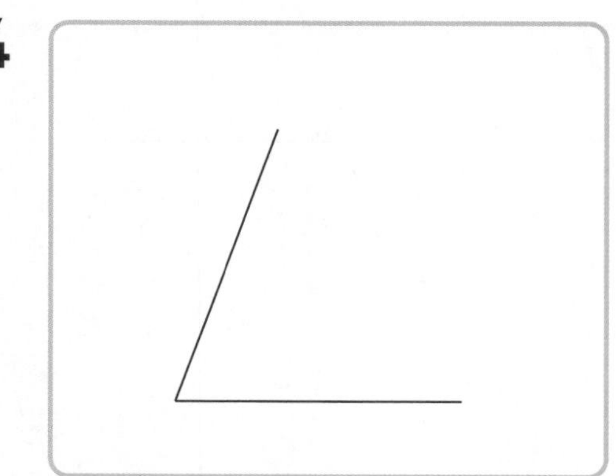

★ 주어진 두 선분을 사용하여 평행선이 두 쌍인 사각형을 그려 보세요.

5

6

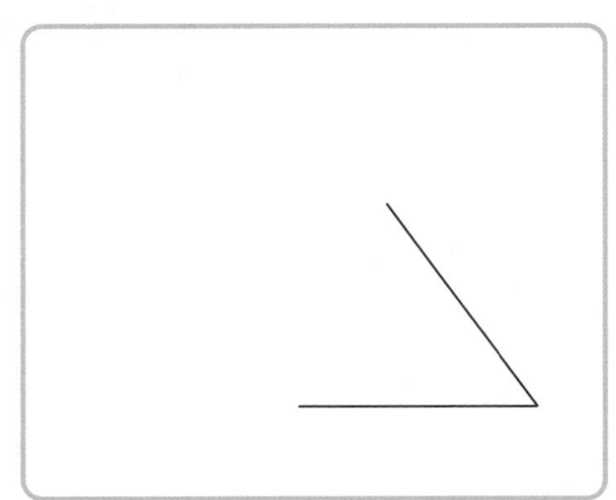

7

8

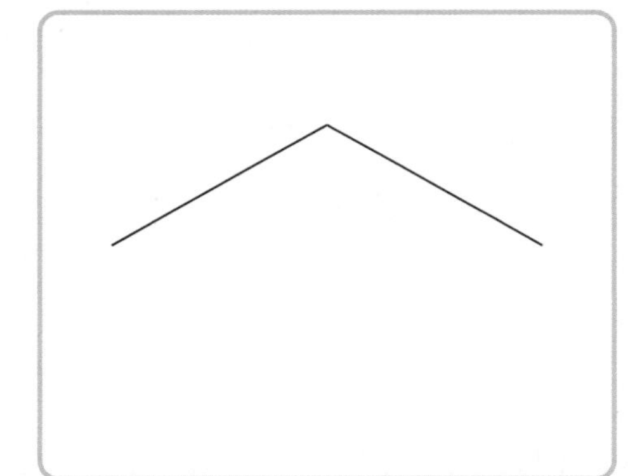

35a 평행선 사이의 거리 알아보기

이름 :
날짜 :
시간 : : ~ :

평행선 사이의 거리 알아보기

★ 그림에서 직선 가와 직선 나는 서로 평행합니다. 물음에 답하세요.

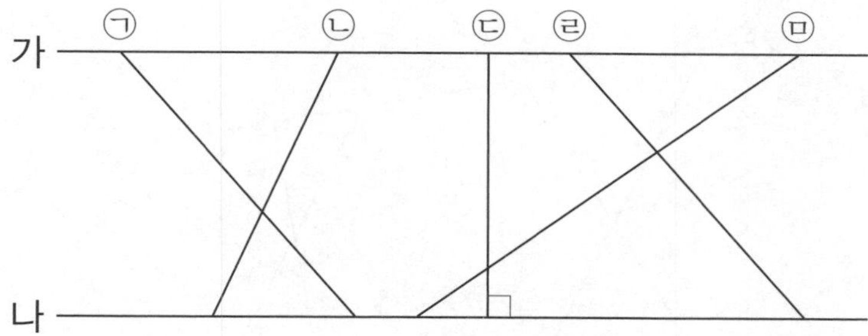

1 평행선 위의 두 점을 잇는 선분의 길이를 각각 재었을 때, 길이가 가장 짧은 선분을 찾아보세요.

( )

2 길이가 가장 짧은 선분은 몇 cm인지 쓰세요.

( ) cm

3 길이가 가장 짧은 선분과 두 직선 가, 나가 만나서 이루는 각도는 몇 도인가요?

( )°

4 선분 ㉢과 같이 평행선 사이의 수선의 길이를 무엇이라고 하나요?

( )

★ 그림에서 직선 가와 직선 나는 서로 평행합니다. 물음에 답하세요.

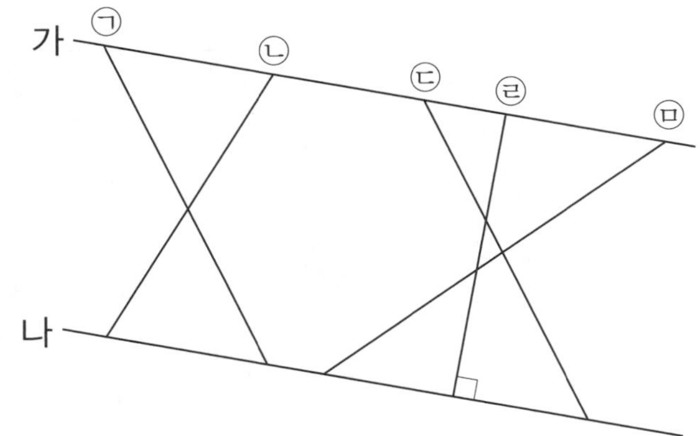

5 평행선 위의 두 점을 잇는 선분의 길이를 각각 재었을 때, 길이가 가장 짧은 선분을 찾아보세요.

( )

6 길이가 가장 짧은 선분은 몇 cm인지 쓰세요.

( ) cm

7 평행선 사이의 거리를 나타내는 선분을 찾아보세요.

( )

8 평행선 사이의 거리를 나타내는 선분과 두 직선 가, 나가 만나서 이루는 각도는 몇 도인가요?

( )°

36a

평행선 사이의 거리 알아보기

이름 :
날짜 :
시간 : : ~ :

평행선 사이의 거리를 나타내는 선분 찾기

★ 평행선 사이의 거리를 나타내는 선분을 찾아보세요.

1

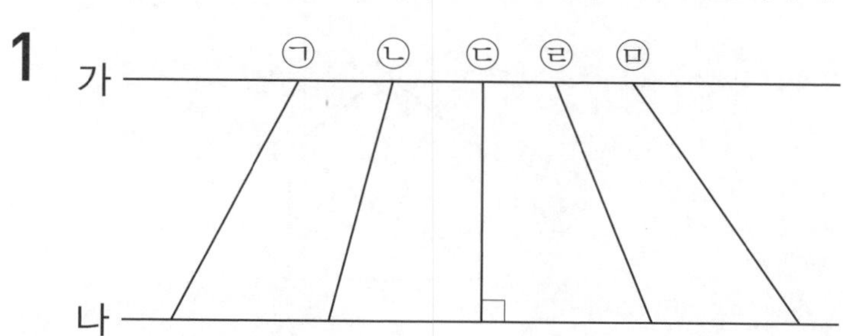

( )

2

㉠ ㉡ ㉢ ㉣ ㉤
가
나

( )

3

㉠ ㉡ ㉢ ㉣ ㉤
가
나

( )

★ 도형에서 평행선 사이의 거리를 나타내는 선분을 찾아 쓰세요.

4

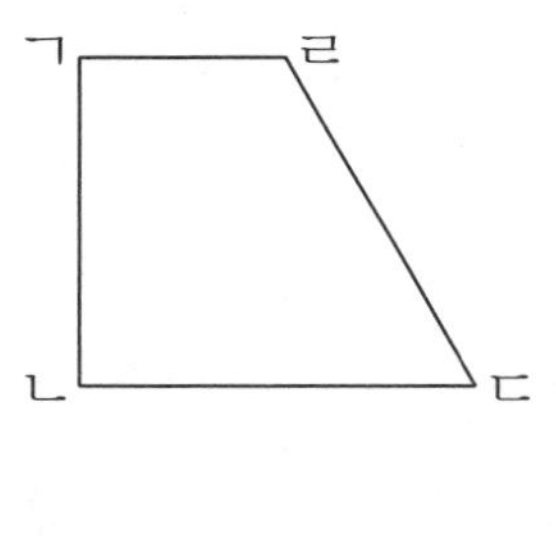

( )

5

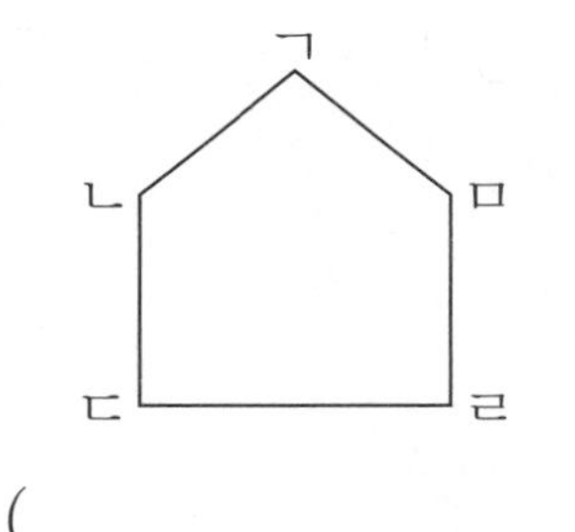

( )

6

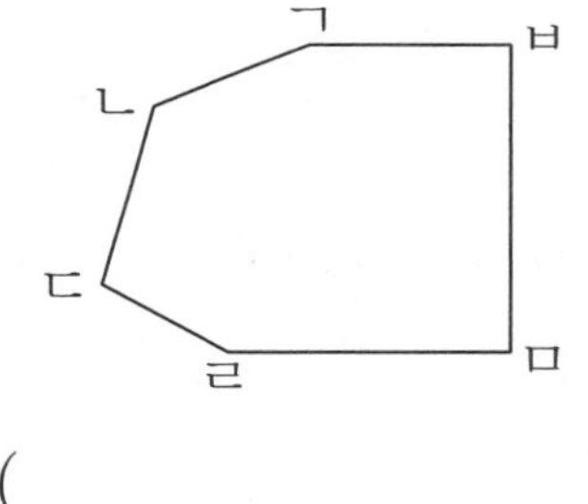

( )

7

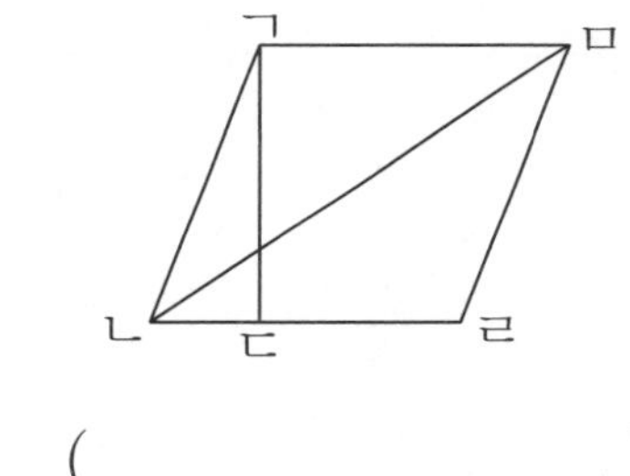

( )

8

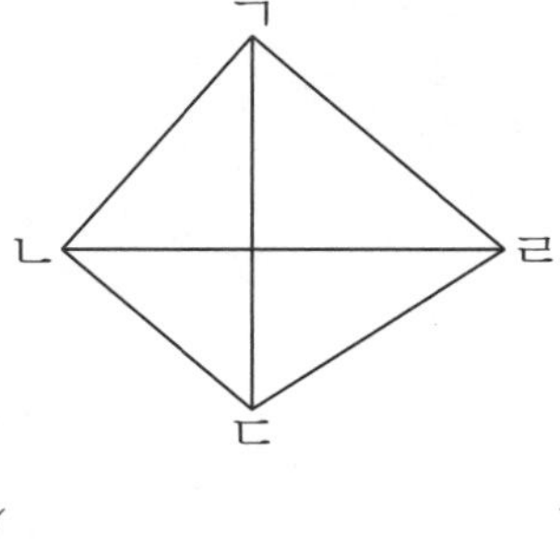

( )

9

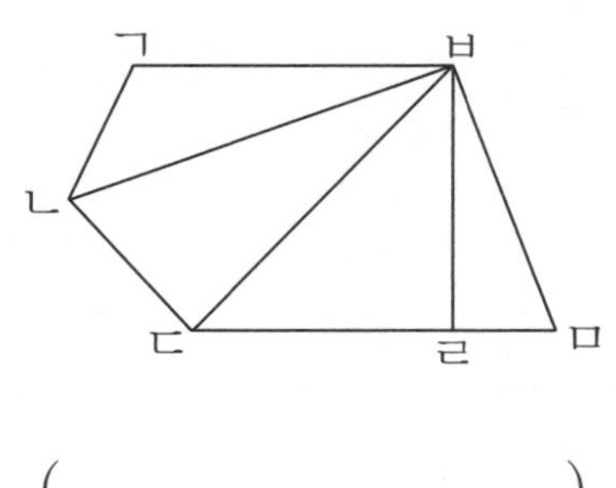

( )

평행선 사이의 거리 알아보기

이름 :

날짜 :

시간 : : ~ :

자르는 선

평행선 사이의 거리를 직접 재기

★ 평행선 사이의 거리를 재어 보세요.

1

( ) cm

2

( ) cm

3

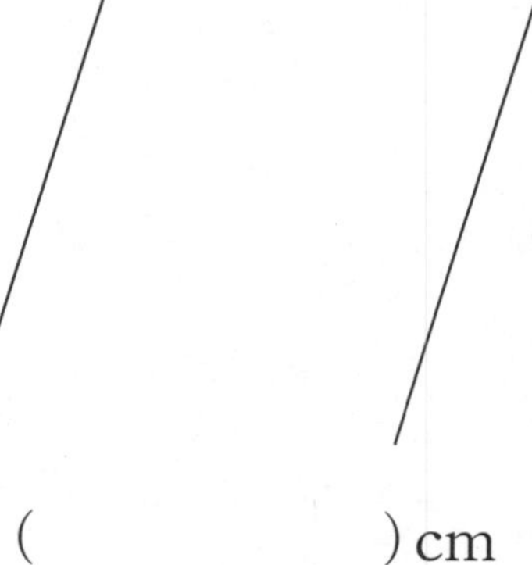

( ) cm

4

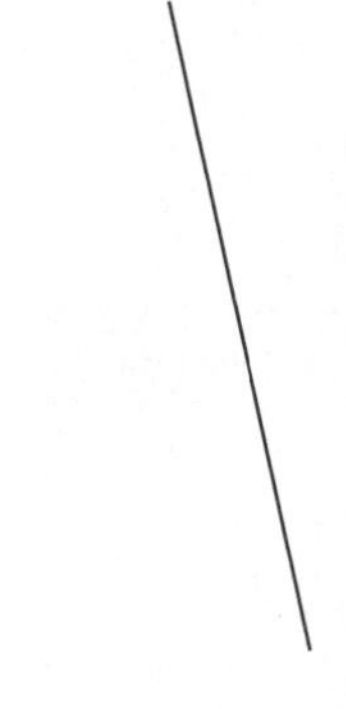

( ) cm

★ 도형에서 평행선 사이의 거리를 재어 보세요.

5

(　　　　　　　) cm

6

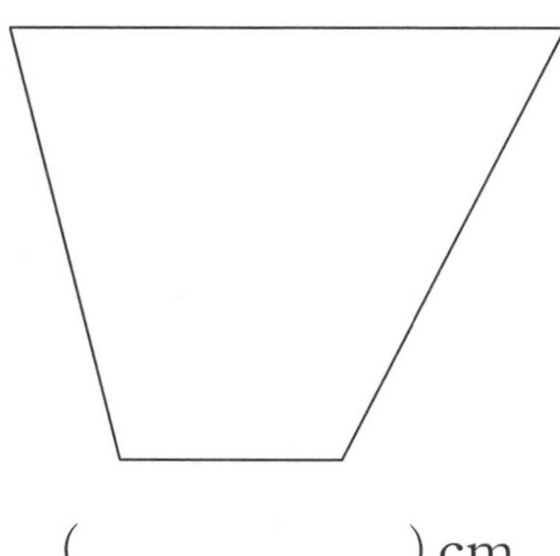

(　　　　　　　) cm

7

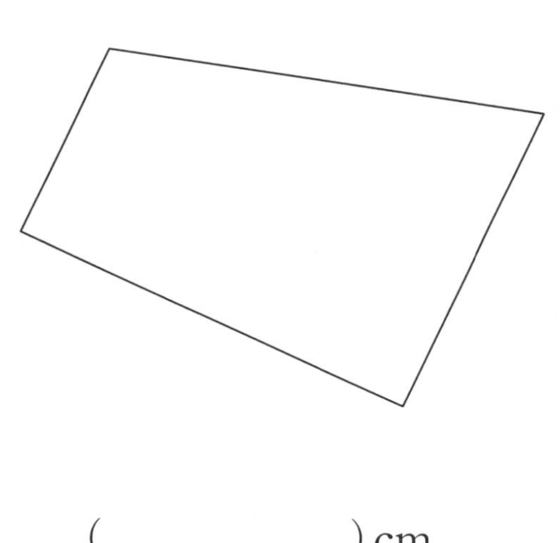

(　　　　　　　) cm

8

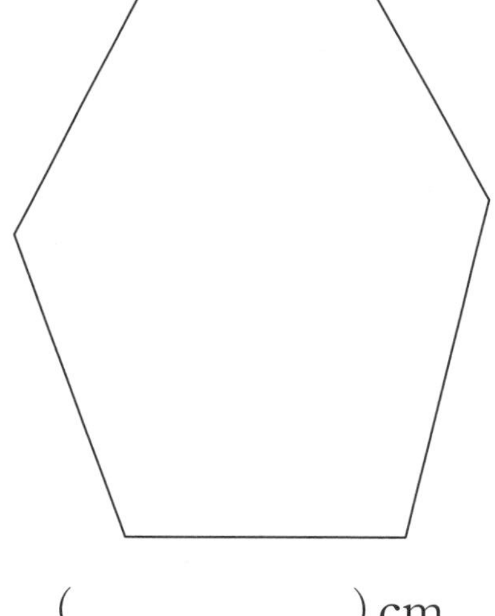

(　　　　　　　) cm

38a 평행선 사이의 거리 알아보기

이름 :

날짜 :

시간 : : ~ :

주어진 거리만큼 떨어져 있는 평행선 긋기

★ 평행선 사이의 거리가 4 cm가 되도록 주어진 직선과 평행한 직선을 그어 보세요.

1

2

★ 평행선 사이의 거리가 3 cm가 되도록 주어진 직선과 평행한 직선을 그어 보세요.

3

4

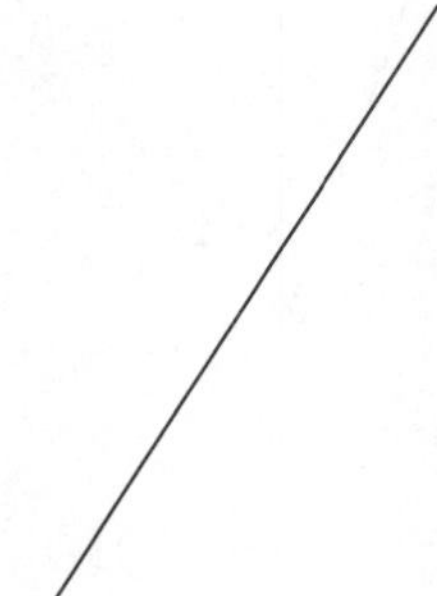

자르는 선

5 두 직선과 동시에 거리가 2 cm가 되는 평행한 직선을 그어 보세요.

6 두 직선과 동시에 거리가 3 cm가 되는 평행한 직선을 그어 보세요.

39a 평행선 사이의 거리 알아보기

이름 :

날짜 :

시간 : : ~ :

평행선 사이의 거리 구하기 ①

★ 직선 가와 나는 서로 평행합니다. 평행선 사이의 거리는 몇 cm인지 쓰세요.

1

가

9 cm

7 cm

5 cm

6 cm

나

( ) cm

2

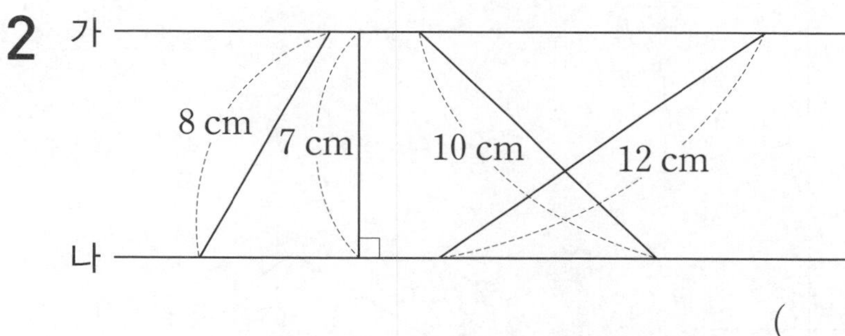

( ) cm

3

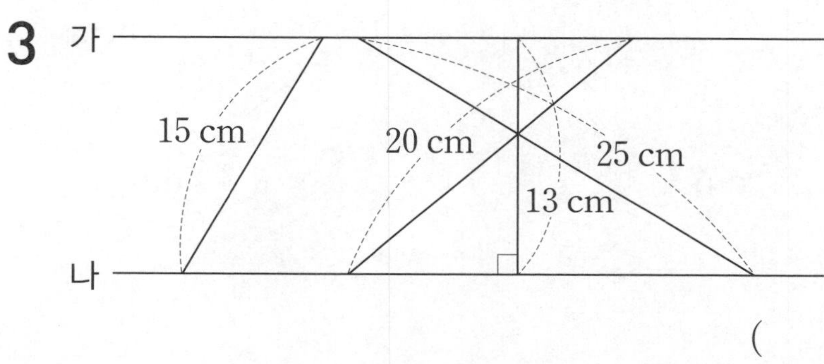

( ) cm

★ 도형에서 평행선 사이의 거리는 몇 cm인지 쓰세요.

4

3 cm
5 cm
4 cm
6 cm

(　　　　　　　) cm

5

5 cm
13 cm
12 cm
15 cm
19 cm

(　　　　　　　) cm

6

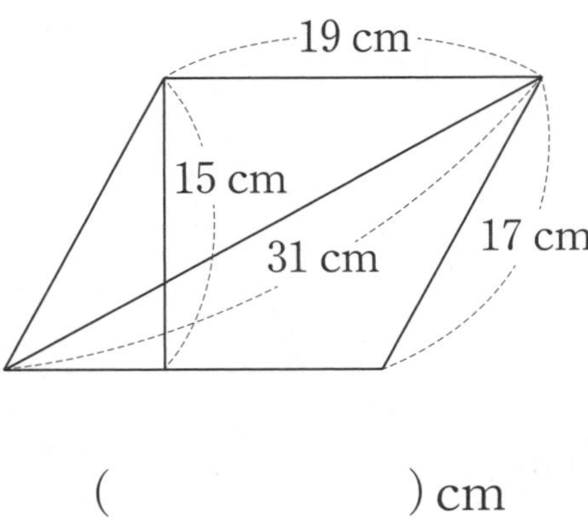

(　　　　　　　) cm

7

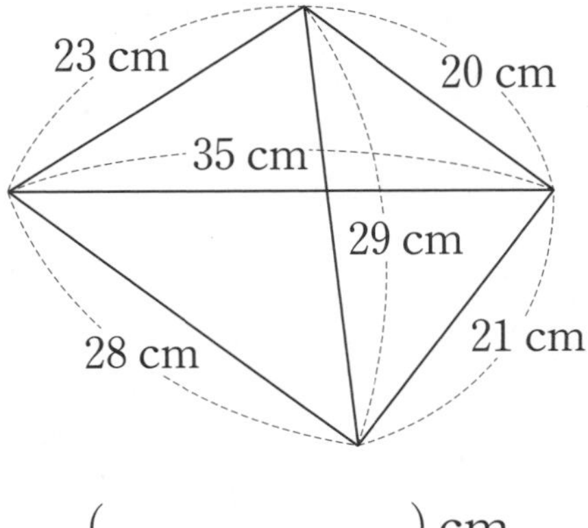

(　　　　　　　) cm

평행선 사이의 거리 알아보기

이름 :
날짜 :
시간 : : ~ :

평행선 사이의 거리 구하기 ②

1 직선 가와 나는 서로 평행합니다. 직선 가와 나의 평행선 사이의 거리는 몇 cm인지 구하세요.

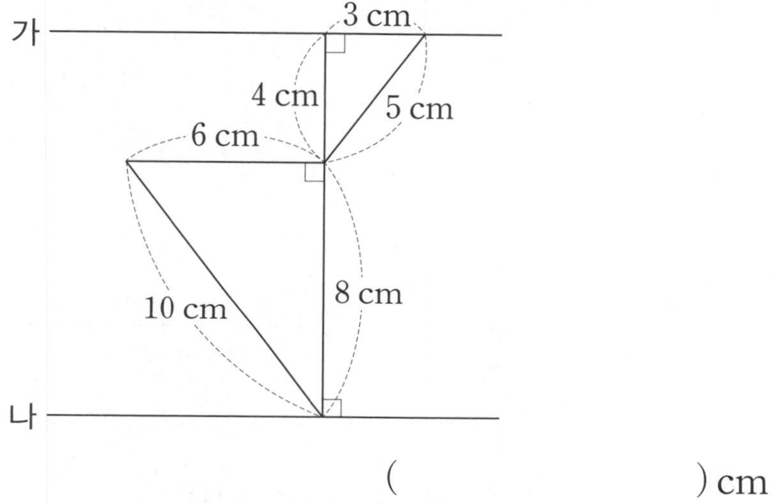

( ) cm

2 도형에서 변 ㄱㅂ과 변 ㄴㄷ은 서로 평행합니다. 변 ㄱㅂ과 변 ㄴㄷ의 평행선 사이의 거리는 몇 cm인지 구하세요.

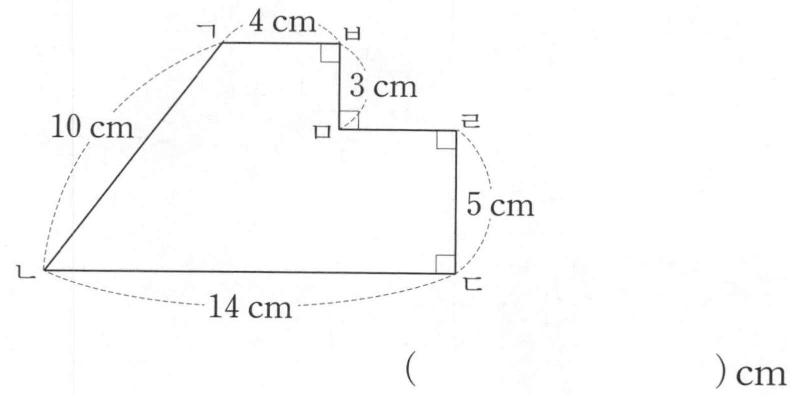

( ) cm

3 도형에서 변 ㄱㅈ과 변 ㅂㅅ은 서로 평행합니다. 변 ㄱㅈ과 변 ㅂㅅ의 평행선 사이의 거리는 몇 cm인지 구하세요.

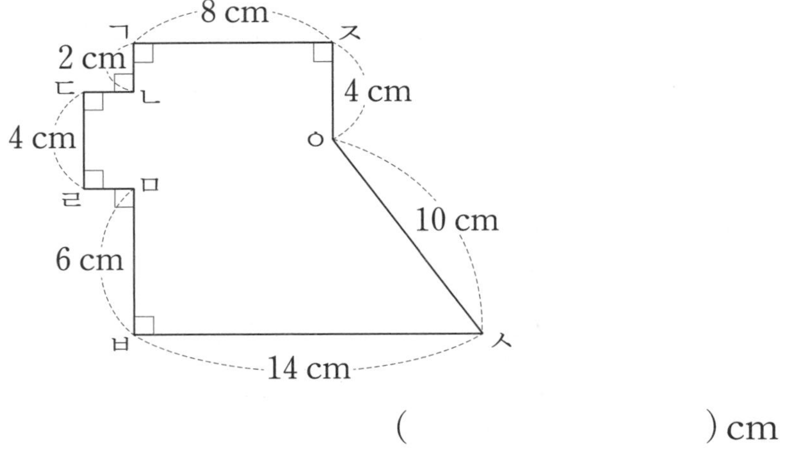

( ) cm

4 도형에서 변 ㄴㄷ과 변 ㅈㅇ은 서로 평행합니다. 변 ㄴㄷ과 변 ㅈㅇ의 평행선 사이의 거리는 몇 cm인지 구하세요.

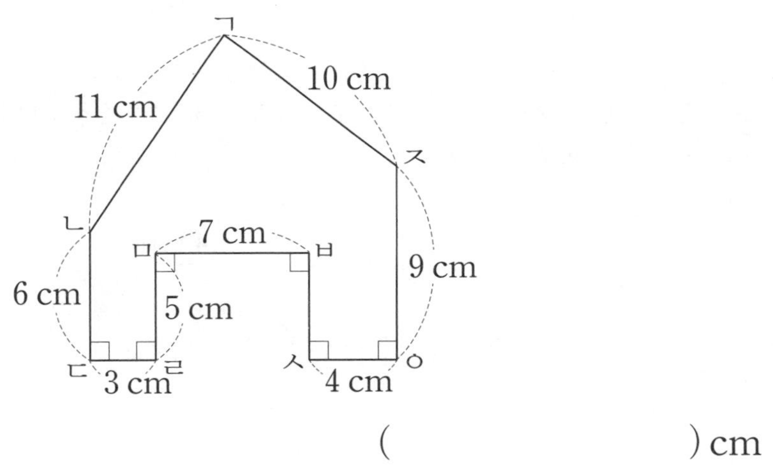

( ) cm

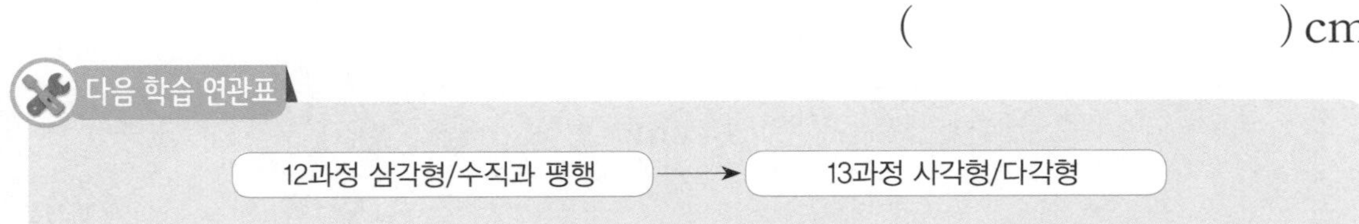

기탄영역별수학
도형·측정편

성취도 테스트

12과정 | 삼각형/수직과 평행

이름	
실시 연월일	년 월 일
걸린 시간	분 초
오답 수	/ 16

기초부터 탄탄하게
기탄교육

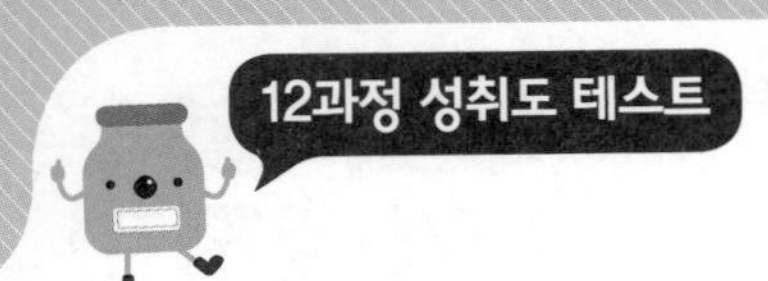

1 이등변삼각형을 모두 찾아 기호를 쓰세요.

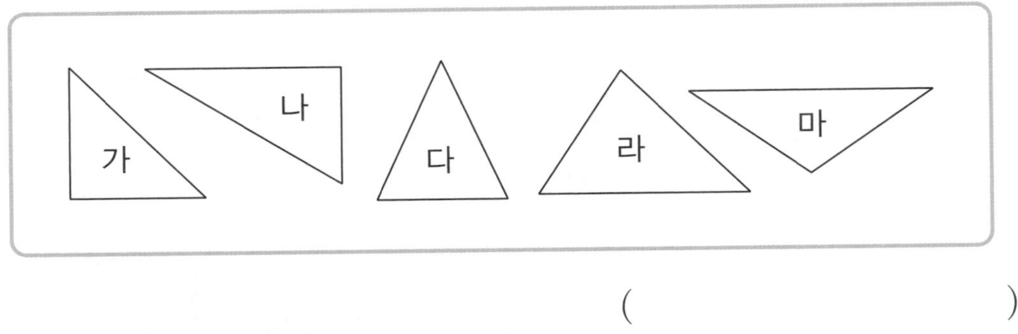

( )

2 정삼각형을 모두 찾아 기호를 쓰세요.

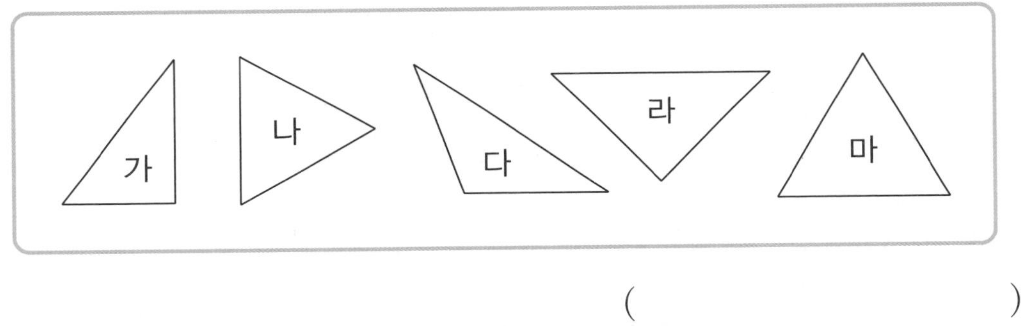

( )

★ □ 안에 알맞은 수를 써넣으세요. (**3**~**4**)

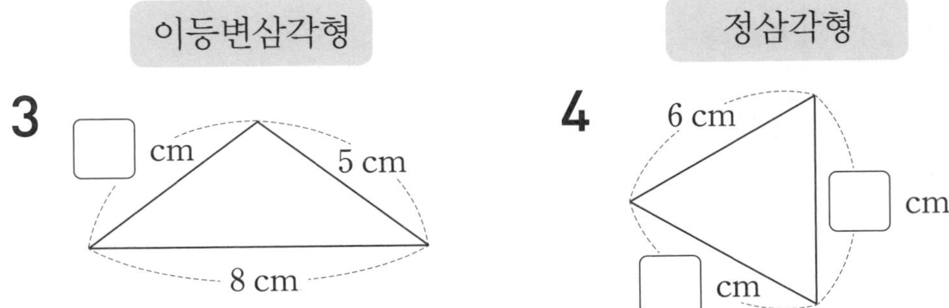

★ ▢ 안에 알맞은 수를 써넣으세요. (5~6)

이등변삼각형

5

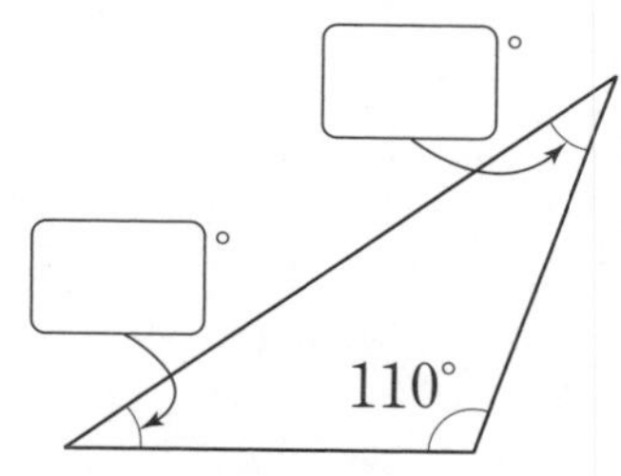

정삼각형

6

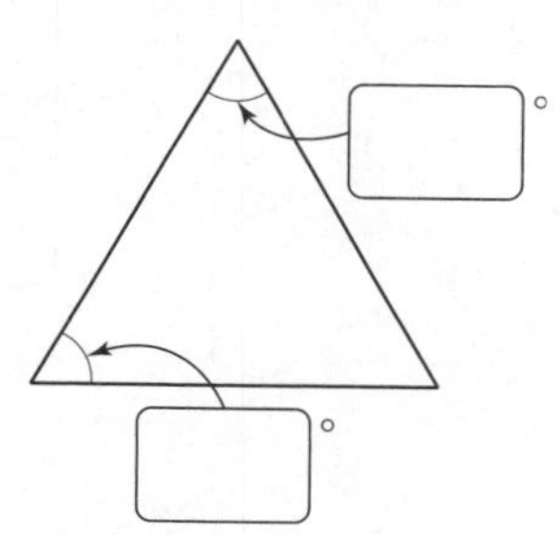

★ 삼각형을 보고 물음에 답하세요. (7~8)

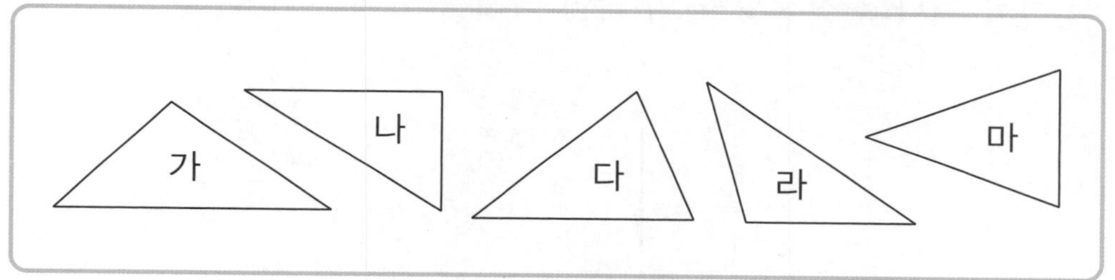

7 삼각형의 세 각의 크기를 보고 예각삼각형을 모두 찾아 기호를 쓰세요.

( )

8 삼각형의 세 각의 크기를 보고 둔각삼각형을 모두 찾아 기호를 쓰세요.

( )

9 두 직선이 만나서 이루는 각이 직각인 곳을 모두 찾아 ⊾로 표시해 보세요.

(1)

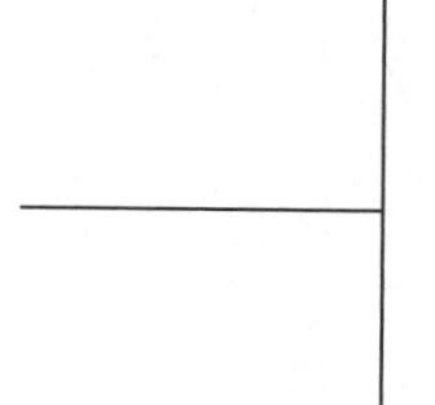

(2)

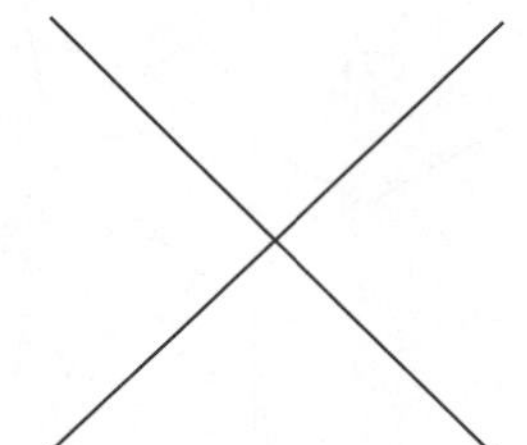

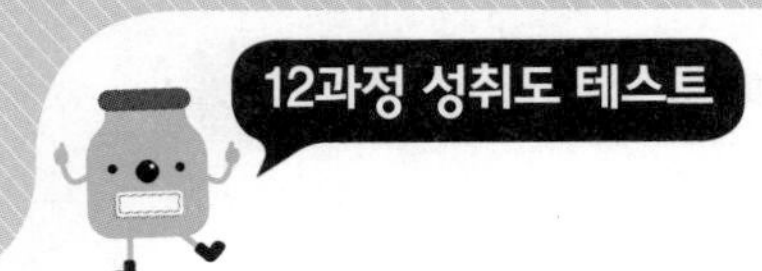

10 도형에서 변 ㄴㄷ에 대한 수선은 모두 몇 개인지 쓰세요.

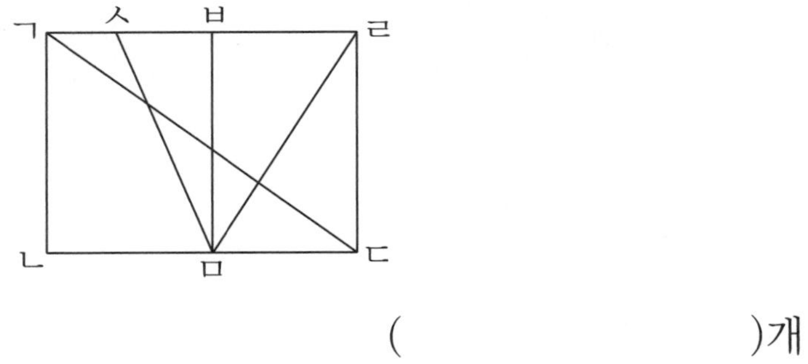

( )개

11 점 ㄱ을 지나고 직선 가에 수직인 직선을 그어 보세요.

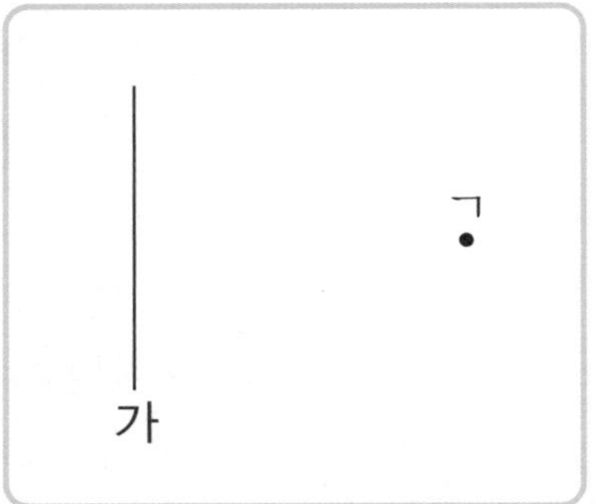

12 서로 평행한 변이 없는 도형을 찾아 기호를 쓰세요.

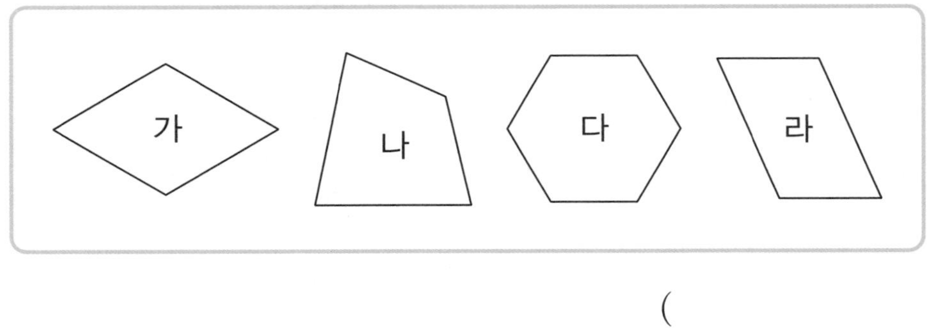

( )

★ 그림에서 평행한 직선은 모두 몇 쌍인지 쓰세요. (13~14)

13

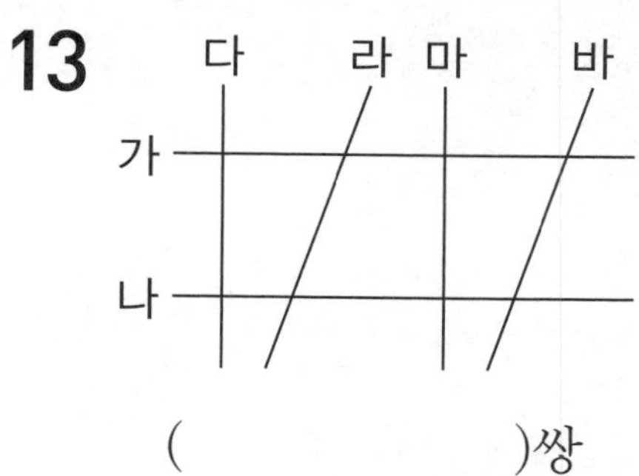

(　　　　　　　)쌍

14

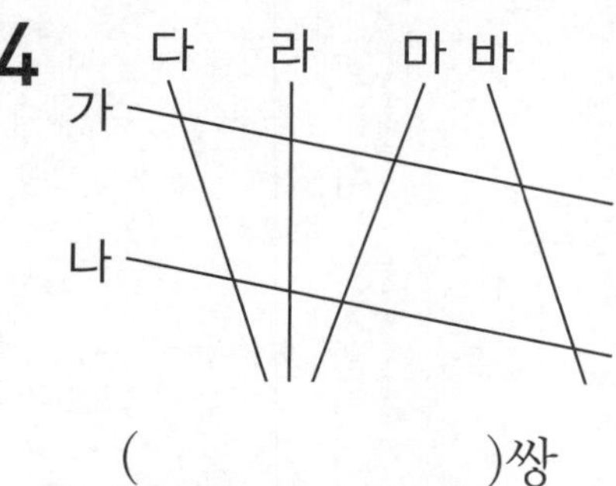

(　　　　　　　)쌍

★ 평행선 사이의 거리는 몇 cm인지 쓰세요. (15~16)

15

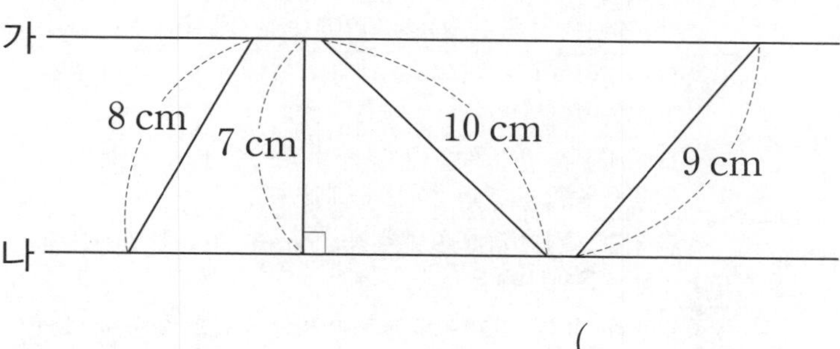

(　　　　　　　) cm

16

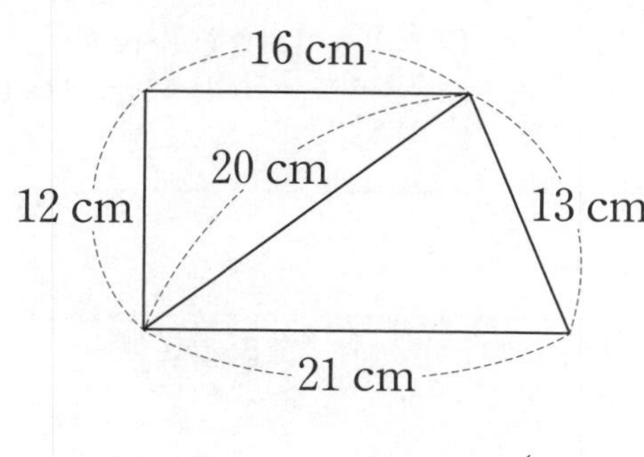

(　　　　　　　) cm

성취도 테스트 결과표

12과정 | 삼각형/수직과 평행

번호	평가 요소	평가 내용	결과(○, X)	관련 내용
1	삼각형 분류하기(1)	이등변삼각형은 두 변의 길이가 같다는 것을 알고, 이등변삼각형을 찾을 수 있는지 확인하는 문제입니다.		2a
2		정삼각형은 세 변의 길이가 같다는 것을 알고, 정삼각형을 찾을 수 있는지 확인하는 문제입니다.		2b
3		이등변삼각형은 두 변의 길이가 같고, 정삼각형은 세 변의 길이가 같다는 것을 아는지 확인하는 문제입니다.		4a
4				4b
5	이등변삼각형의 성질	이등변삼각형은 두 각의 크기가 같고, 정삼각형은 세 각의 크기가 같다는 것을 아는지 확인하는 문제입니다.		9a
6	정삼각형의 성질			12b
7	삼각형 분류하기(2)	세 각이 모두 예각인 삼각형이 예각삼각형이라는 것을 알고, 예각삼각형을 찾을 수 있는지 확인하는 문제입니다.		14a
8		한 각이 둔각인 삼각형이 둔각삼각형이라는 것을 알고, 둔각삼각형을 찾을 수 있는지 확인하는 문제입니다.		14a
9	수직 알아보기	두 직선이 만나서 이루는 각이 직각인 곳을 모두 찾아 표시해 보는 문제입니다.		21a
10		도형에서 한 변에 대한 수선 즉, 수직으로 만나는 선분을 모두 찾을 수 있는지 확인하는 문제입니다.		26a
11	수선 긋기	한 점을 지나고 한 직선에 수직인 직선을 그을 수 있는지 확인하는 문제입니다.		28b
12	평행 알아보기	평행의 의미를 알고 평행한 변이 없는 도형을 찾을 수 있는지 확인하는 문제입니다.		30a
13		평행한 직선 즉, 서로 만나지 않는 두 직선이 모두 몇 쌍 있는지 확인하는 문제입니다.		31a
14				31a
15	평행선 사이의 거리 알아보기	평행선 사이의 수선의 길이를 평행선 사이의 거리라고 하는 것을 알고, 평행선 사이의 거리를 나타내는 선분을 찾을 수 있는지 확인하는 문제입니다.		39a
16				39a

평가	□ A등급(매우 잘함)	□ B등급(잘함)	□ C등급(보통)	□ D등급(부족함)
오답 수	0~1	2~3	4~5	6~

- A, B등급: 다음 교재를 시작하세요.
- C등급: 틀린 부분을 다시 한번 더 공부한 후, 다음 교재를 시작하세요.
- D등급: 본 교재를 다시 구입하여 복습한 후, 다음 교재를 시작하세요.

12과정 정답과 풀이

1ab

1 나, 다, 바, 아, 자 / 가, 라, 마, 사
2 나, 바, 사, 아 / 가, 자

2ab

1 나, 라, 마, 아
2 라, 사, 자

〈풀이〉

1 이등변삼각형은 두 변의 길이가 같습니다. 두 변의 길이가 같은 삼각형은 나, 라, 마, 아입니다.

2 정삼각형은 세 변의 길이가 같습니다. 세 변의 길이가 같은 삼각형은 라, 사, 자입니다.

3ab

1 가, 다, 라, ㉮ 두 변의 길이가 같기 때문입니다.
2 나, 마, ㉮ 세 변의 길이가 같기 때문입니다.
3 나, 다
4 가, 라

4ab

1 6	2 9	3 4
4 8	5 13	6 10
7 4	8 6	9 9
10 7, 7	11 8, 8	12 5, 5

5ab

1 ㉣	2 ㉡	3 ㉤
4 ㉢	5 ㉣	6 ㉠

6ab

1 18	2 10	3 28
4 15	5 25	6 26
7 24	8 9	9 15
10 21	11 27	12 33

〈풀이〉

1 이등변삼각형은 두 변의 길이가 같으므로 나머지 한 변의 길이는 5 cm입니다. 따라서 세 변의 길이의 합은 $5+5+8=18$ (cm)입니다.

7 정삼각형은 세 변의 길이가 같습니다. 따라서 한 변의 길이가 8 cm인 정삼각형의 세 변의 길이의 합은 $8\times3=24$ (cm)입니다.

7ab

1 ㉮
2 ㉮

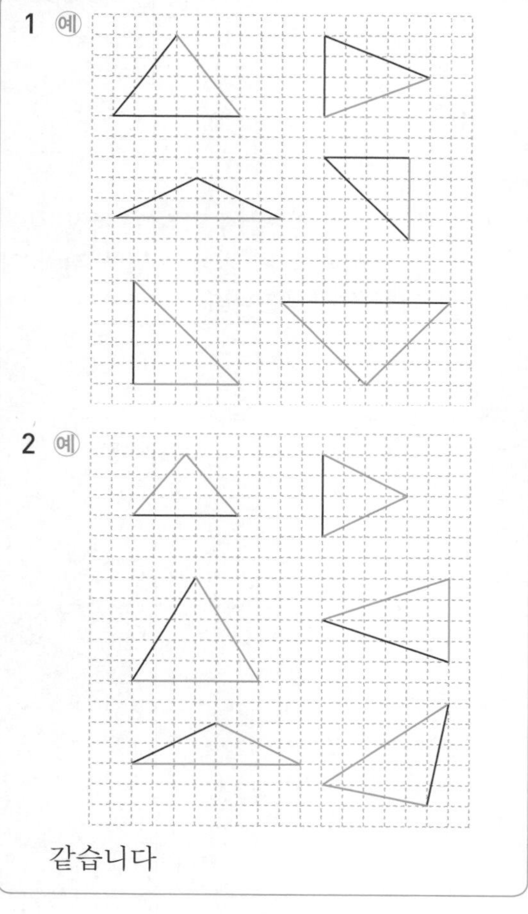

같습니다

※정답과 풀이는 따로 보관하고 있다가 채점할 때 사용해 주세요.

자르는 선

〈풀이〉

2 이등변삼각형은 두 변의 길이가 같으므로 주어진 선분과 길이가 같도록 한 변을 그리거나 나머지 두 변의 길이가 같도록 변을 그립니다.

8ab

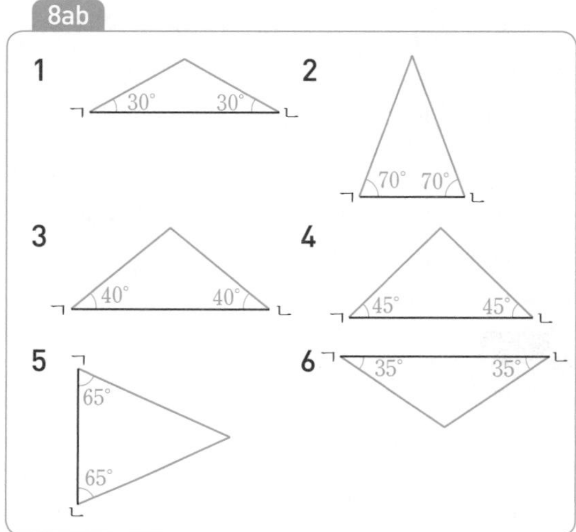

〈풀이〉

1~6 선분 ㄱㄴ의 양 끝에 각각 주어진 각을 그리고, 두 각의 변이 만나는 점을 찾아 이등변삼각형을 완성합니다.

9ab

1 75	2 30	3 65
4 25	5 45	6 70
7 50	8 35	9 40
10 45	11 55	12 65

10ab

1 130	2 30	3 30
4 45	5 35	6 50
7 130	8 120	9 125
10 105	11 140	12 70

〈풀이〉

1 $\square=180^\circ-(25^\circ+25^\circ)=180^\circ-50^\circ=130^\circ$

2 $\square=(180^\circ-120^\circ)\div2=60^\circ\div2=30^\circ$

3 $\square=180^\circ-(75^\circ+75^\circ)=180^\circ-150^\circ=30^\circ$

7 $(180^\circ-80^\circ)\div2=100^\circ\div2=50^\circ$
⇨ $\square=180^\circ-50^\circ=130^\circ$

8 $(180^\circ-60^\circ)\div2=120^\circ\div2=60^\circ$
⇨ $\square=180^\circ-60^\circ=120^\circ$

11 $180^\circ-(70^\circ+70^\circ)=180^\circ-140^\circ=40^\circ$
⇨ $\square=180^\circ-40^\circ=140^\circ$

11ab

1

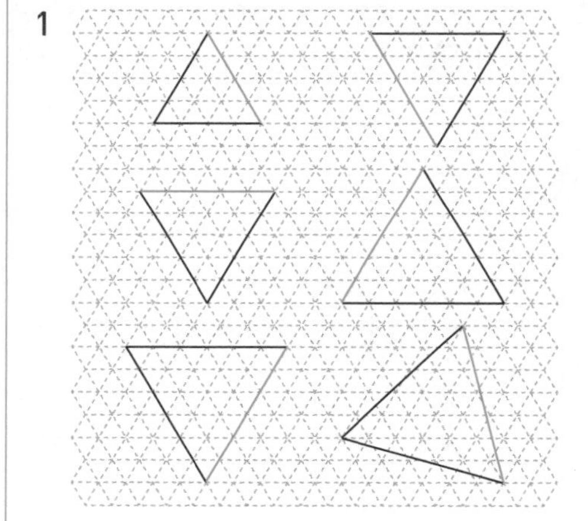

2 예

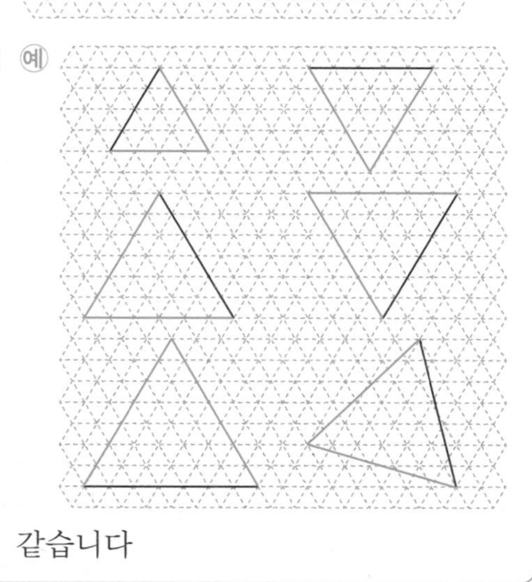

같습니다

12과정 정답과 풀이

12ab

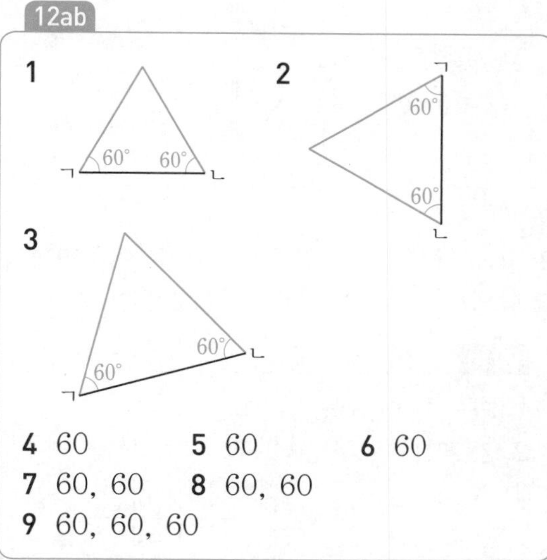

4 60　5 60　6 60
7 60, 60　8 60, 60
9 60, 60, 60

〈풀이〉

1~3 선분 ㄱㄴ의 양 끝에 각각 60°인 각을 그리고, 두 각의 변이 만나는 점을 찾아 정삼각형을 완성합니다.

13ab

1 예, 예, 직
2 예, 예, 예
3 예, 예, 예
4 예, 예, 둔
5 예, 예, 둔
6 예, 예, 예
7 둔, 예, 예
8 직, 예, 예

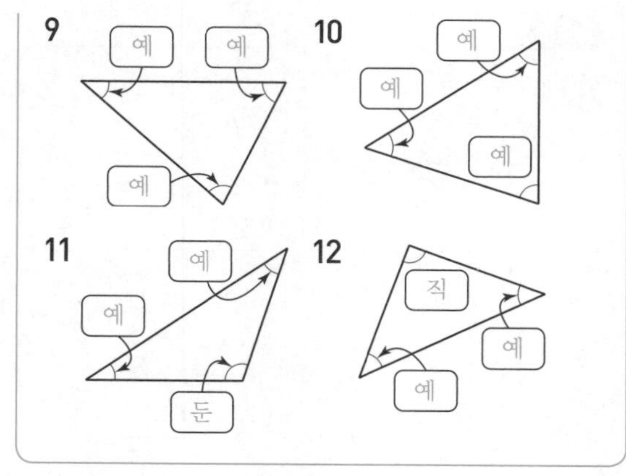

〈풀이〉

1~12 각도가 0°보다 크고 직각보다 작은 각을 예각, 직각보다 크고 180°보다 작은 각을 둔각이라고 합니다.

14ab

1 가, 마, 아 / 나, 라, 자 / 다, 바, 사
2 가, 라, 바, 아 / 다, 사 / 나, 마, 자

15ab

1 가, 나, 라, 자 / 바, 사 / 다, 마, 아
2 나, 바, 사 / 마, 자 / 가, 다, 라, 아

16ab

1 가　2 라　3 다
4 다　5 다　6 라

17ab

1 ㉣　2 ㉢　3 ㉡
4 ㉣　5 ㉤　6 ㉠

〈풀이〉

1 ㉠ 180°−30°−40°=110° ⇨ 둔각삼각형
㉡ 180°−45°−35°=100° ⇨ 둔각삼각형
㉢ 180°−60°−30°=90° ⇨ 직각삼각형
㉣ 180°−50°−65°=65° ⇨ 예각삼각형
㉤ 180°−25°−55°=100° ⇨ 둔각삼각형

자르는 선

18ab

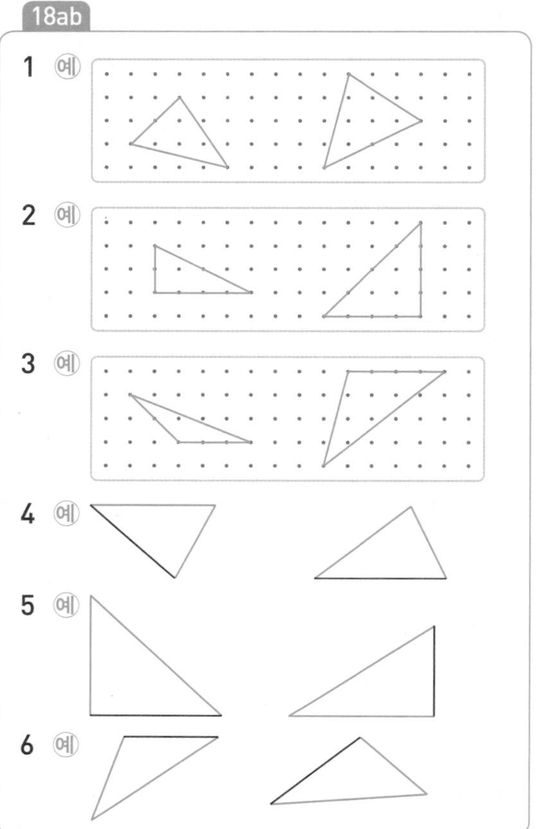

19ab

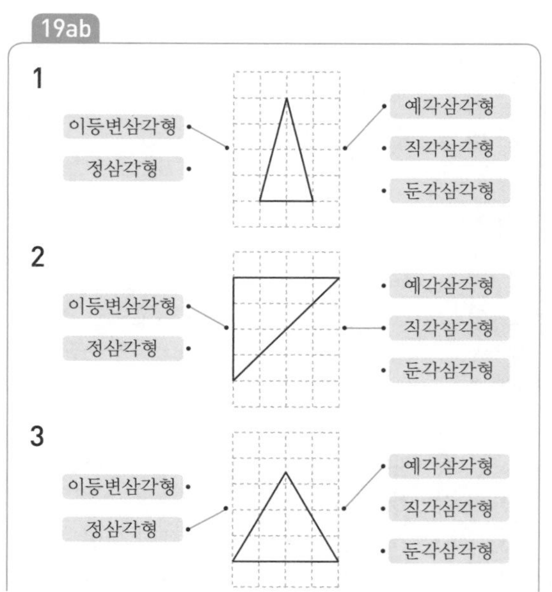

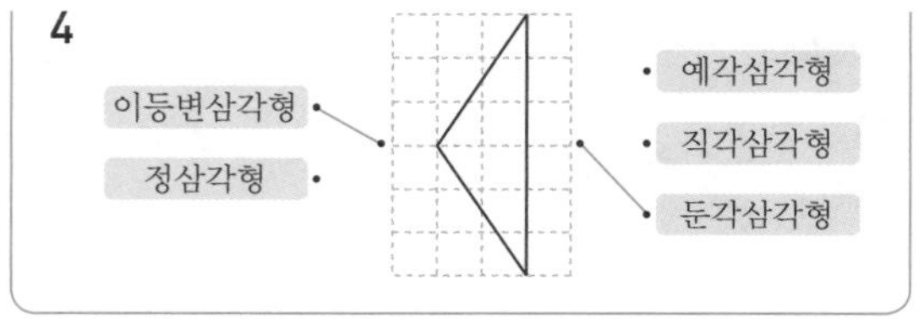

〈풀이〉

3 정삼각형을 두 변의 길이가 같은 이등변삼각형으로 생각한 경우도 틀린 것은 아닙니다.

20ab

1 가, 나, 다, 바 / 라, 마, 사, 아

2 가, 다, 마, 아 / 나, 라 / 바, 사

3

가, 다	나	바
마, 아	라	사

4 나, 다, 마, 사 / 가, 라, 바, 아

5 나, 라 / 사, 아 / 가, 다, 마, 바

6

나	사	다, 마
라	아	가, 바

21ab

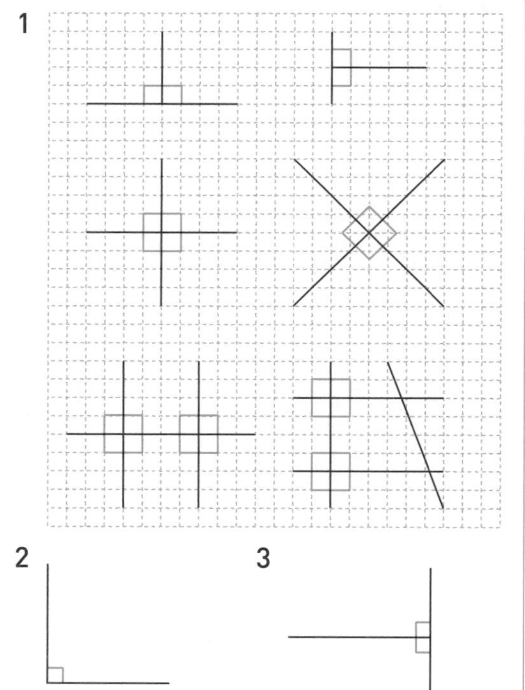

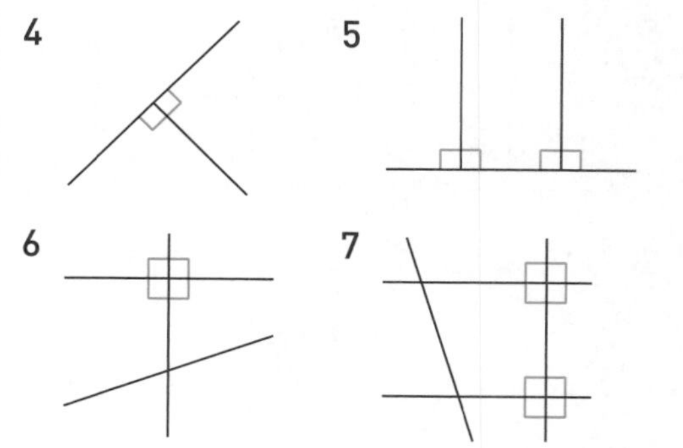

22ab

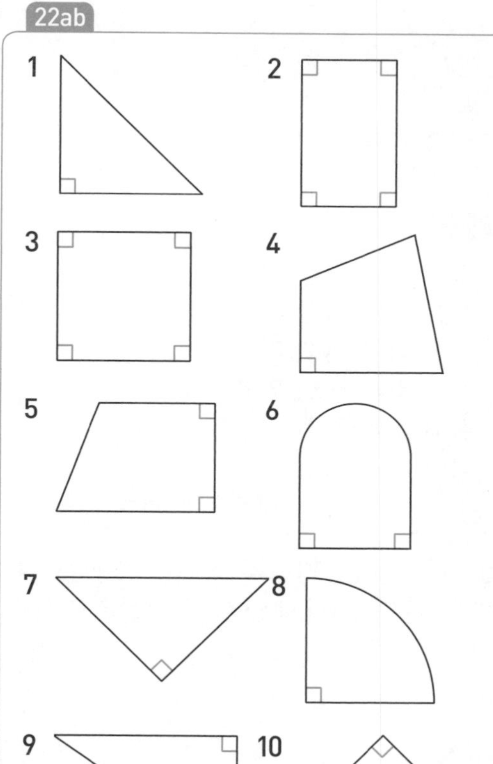

23ab

1 가, 다　　2 나, 라
3 가, 나, 다　　4 가, 다
5 다, 라　　6 가, 나

〈풀이〉

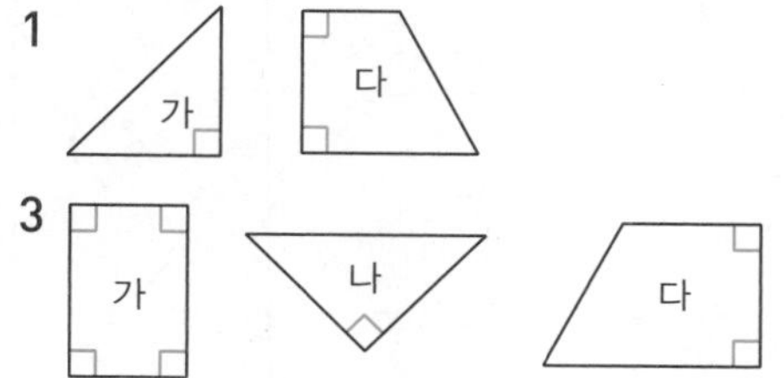

24ab

1 직선 가와 직선 나
2 직선 나와 직선 라
3 직선 가와 직선 나
4 직선 가와 직선 라, 직선 나와 직선 라
5 직선 가와 직선 다, 직선 나와 직선 라
6 직선 가와 직선 라, 직선 나와 직선 마

〈풀이〉

1~6 두 직선이 직각으로 만날 때 두 직선은 서로 수직입니다.

25ab

1 0　　2 2　　3 0
4 2　　5 1　　6 0
7 1　　8 0　　9 0
10 1　　11 1　　12 0

26tab

1 선분 ㄱㅁ　　2 선분 ㄱㅁ
3 선분 ㄹㅅ
4 선분 ㄱㄴ, 선분 ㅇㅅ, 선분 ㄹㄷ
5 선분 ㅇㄴ, 선분 ㄹㅂ
6 선분 ㄱㅁ, 선분 ㅇㅅ, 선분 ㄹㄷ

자르는 선

27ab

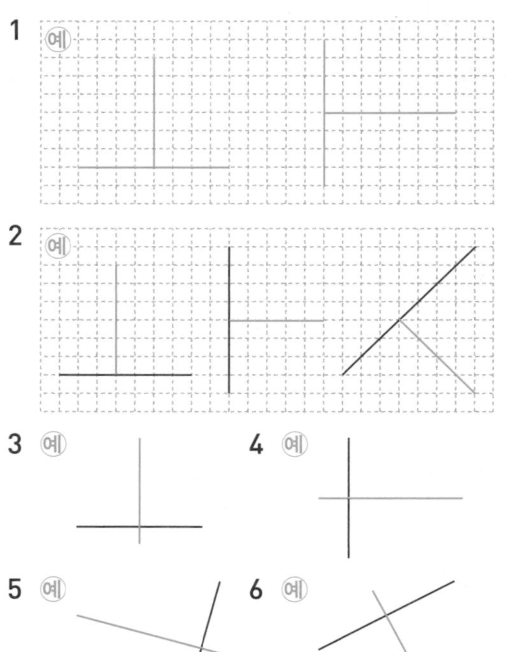

〈풀이〉

1~2 모눈의 가로 눈금과 세로 눈금은 서로 수직으로 만나므로 모눈의 점선을 따라 다양한 수선을 그을 수 있습니다.

3~6 한 직선에 대한 수선은 무수히 많이 그을 수 있습니다.

28ab

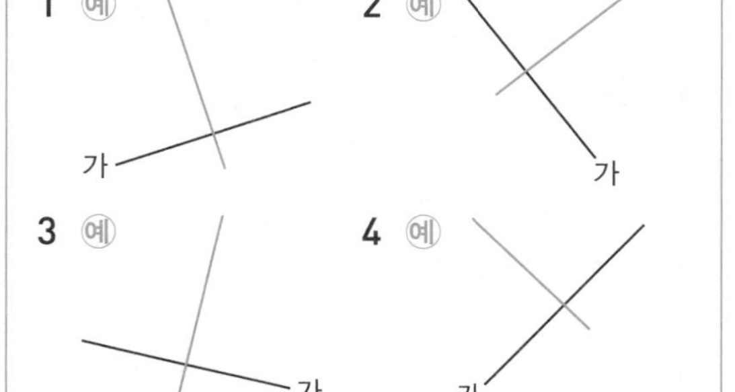

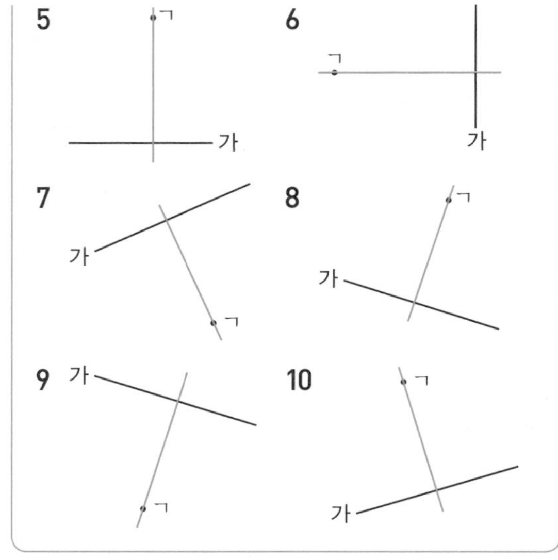

29ab

1 직선 다와 직선 마
2 직선 다와 직선 라
3 직선 나와 직선 마
4 직선 라와 직선 마
5 직선 가와 직선 다
6 직선 다와 직선 마

〈풀이〉

1~3 한 직선에 수직인 두 직선은 평행합니다.

5 길게 늘여도 만나지 않는 두 직선은 직선 가와 직선 다입니다.

30ab

1 가	2 다	3 라
4 나	5 가	6 다

31ab

1 2	2 2	3 3
4 3	5 2	6 3

12과정 정답과 풀이

〈풀이〉
1 평행한 두 직선은 직선 가와 직선 나, 직선 라와 직선 바로 모두 2쌍입니다.
3 평행한 두 직선은 직선 가와 직선 나, 직선 다와 직선 마, 직선 라와 직선 바로 모두 3쌍입니다.

32ab

1 변 ㄱㄴ과 변 ㄹㄷ, 변 ㄱㄹ과 변 ㄴㄷ
2 변 ㄱㄴ과 변 ㄹㄷ, 변 ㄱㄹ과 변 ㄴㄷ
3 변 ㄱㄴ과 변 ㅁㄹ, 변 ㄴㄷ과 변 ㅂㅁ, 변 ㄱㅂ과 변 ㄷㄹ
4 1　5 2　6 1
7 1　8 2　9 4

33ab

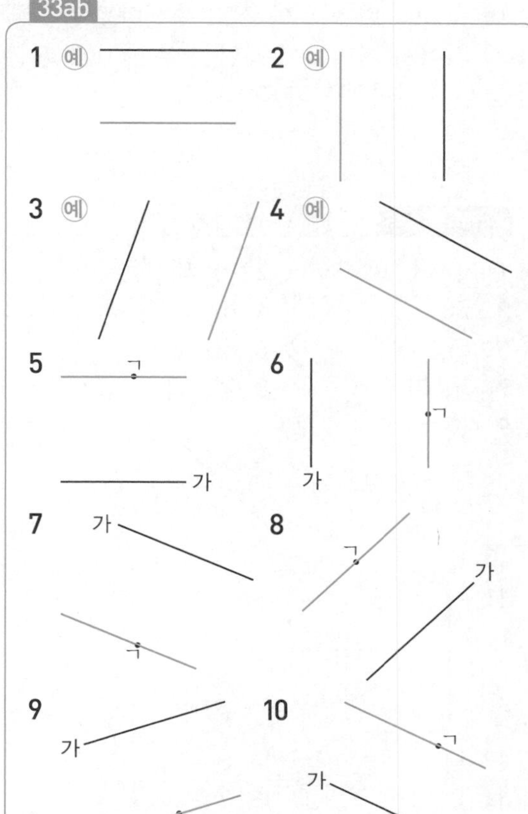

〈풀이〉
1~4 한 직선에 평행인 직선은 수없이 많이 그을 수 있습니다.
5~10 한 점을 지나고 한 직선에 평행인 직선은 1개뿐입니다.

34ab

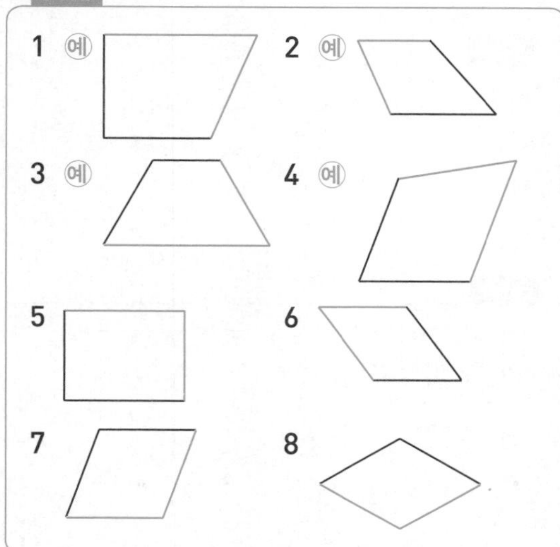

35ab

1 ㉢　2 3　3 90
4 평행선 사이의 거리
5 ㉣　6 3.5　7 ㉣
8 90

36ab

1 ㉢　2 ㉡　3 ㉤
4 선분 ㄱㄴ　5 선분 ㄷㄹ
6 선분 ㅂㅁ　7 선분 ㄱㄷ
8 선분 ㄱㄴ　9 선분 ㅂㄹ

〈풀이〉

1~3 평행한 두 직선과 모두 수직으로 만나는 선분의 길이가 가장 짧고, 평행선 사이의 수직인 선분의 길이를 평행선 사이의 거리라고 합니다.

4~9 평행한 두 변을 먼저 찾고, 두 평행선과 수직으로 만나는 선분이 평행선 사이의 거리입니다.

37ab

1 3	**2** 4	**3** 3.5
4 5	**5** 3.5	**6** 4
7 5	**8** 6	

38ab

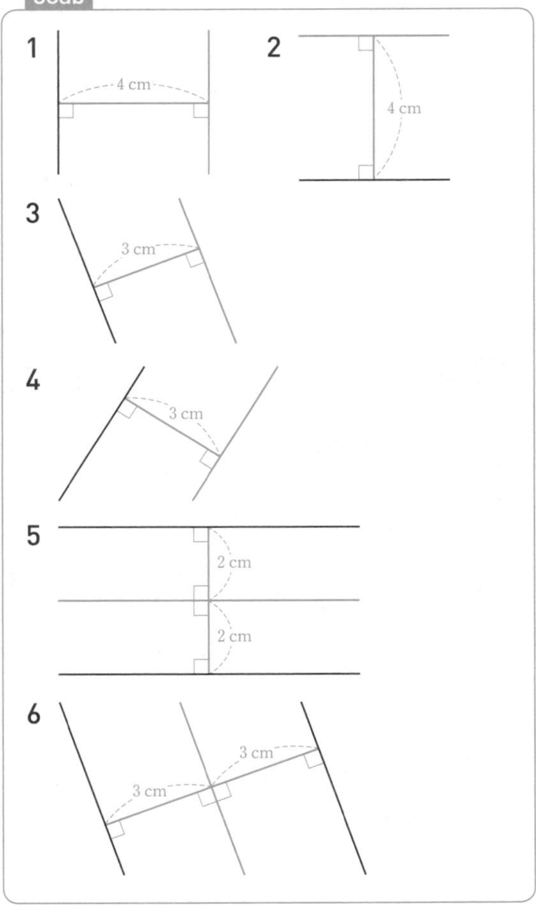

〈풀이〉

5 평행선 사이의 거리가 4 cm이므로 평행선 사이의 수직인 선분의 가운데에 점을 찍고, 그 점을 지나는 평행선을 그으면 됩니다.

39ab

1 5	**2** 7	**3** 13
4 4	**5** 12	**6** 15
7 21		

40ab

1 12	**2** 8	**3** 12
4 14		

〈풀이〉

2 변 ㄱㅂ과 변 ㄴㄷ이 서로 평행하므로 평행선 사이의 거리는 수직인 선분 ㅂㅁ과 선분 ㄹㄷ의 길이의 합과 같습니다.
⇨ 3+5=8 (cm)

성취도 테스트

1 가, 다, 마	**2** 나, 마
3 5	**4** 6, 6
5 35, 35	**6** 60, 60
7 다, 마	**8** 가, 라

9 (1) (2)

10 3

11 ㄱ 가

12 나	**13** 3
14 2	**15** 7
16 12	